试点教材

1+x职业技能等级证书
数字孪生城市建模与应用–专业群

平面设计与应用
综合案例实战

夏魁良　李　岩　高亚娜　主编

清华大学出版社
北　京

内 容 简 介

本书由浅入深、循序渐进地介绍了 Photoshop 2020 的使用方法和操作技巧。书中大部分章节都围绕综合实例展开，便于提高和拓宽读者对 Photoshop 2020 基本功能的掌握与应用。

本书按照平面设计工作的实际需求组织，内容划分为 11 章，包括平面设计学习准备、LOGO 设计、杂志封面设计、海报设计、户外广告设计、包装设计、宣传折页设计、手机 UI 界面设计、宣传展架设计、淘宝店铺设计、卡片设计，使读者在学习制作过程中能融会贯通。

本书的最大特点是内容实用，精选最常用、最实用、最有用的案例技术进行讲解，不仅有代表性，而且还覆盖当前的各种典型应用。读者通过本书学到的不仅仅是软件的用法，更重要的是用软件完成实际项目的方法、技巧和流程，同时也能从中获取视频编辑理论。本书的另一大特点是轻松易学，步骤讲解非常清晰，图文并茂，一看就懂。

本书内容翔实、结构清晰、语言流畅、实例分析透彻、操作步骤简洁清晰，适合广大初学 Photoshop 2020 的用户使用，也可作为各类高等院校相关专业的教材。

本书封面贴有清华大学出版社防伪标签，无标签者不得销售。

版权所有，侵权必究。举报：010-62782989，beiqinquan@tup.tsinghua.edu.cn。

图书在版编目(CIP)数据

平面设计与应用综合案例实战 / 夏魁良，李岩，高亚娜主编. —北京：清华大学出版社，2021.7 (2023.9重印)

　　1+x职业技能等级证书数字孪生城市建模与应用—专业群试点教材

　　ISBN 978-7-302-58155-0

　　Ⅰ.①平… Ⅱ.①夏… ②李… ③高… Ⅲ.①平面设计—图像处理软件—教材 Ⅳ.①TP391.413

中国版本图书馆CIP数据核字（2021）第085707号

责任编辑：李玉茹
封面设计：李　坤
责任校对：鲁海涛
责任印制：杨　艳

出版发行：清华大学出版社
　　　　　网　　　址：http://www.tup.com.cn，http://www.wqbook.com
　　　　　地　　　址：北京清华大学学研大厦A座　　　　　邮　　编：100084
　　　　　社 总 机：010-83470000　　　　　　　　　　　邮　　购：010-62786544
　　　　　投稿与读者服务：010-62776969，c-service@tup.tsinghua.edu.cn
　　　　　质量反馈：010-62772015，zhiliang@tup.tsinghua.edu.cn
印 装 者：三河市铭诚印务有限公司
经　　　销：全国新华书店
开　　本：185mm×260mm　　　印　　张：17.5　　　插　　页：1　　　字　　数：423千字
版　　次：2021年8月第1版　　　印　　次：2023年9月第2次印刷
定　　价：79.00元

产品编号：091526-01

前言

Photoshop 是 Adobe 公司研发的世界顶级、最著名、使用最广泛的图形图像处理软件，是其旗下最为出名的图像处理软件之一，被广泛应用于图像处理、平面设计、淘宝店铺设计、网站宣传广告设计、室内大厅装饰、影视包装等诸多领域。基于 Photoshop 在平面设计行业应用的广泛性，本书针对不同层次和工作需求的读者制订差异化的学习计划，包括为初学者设置的必学课程，希望能对读者学习平面设计带来帮助。

本书内容

全书共分 11 章，按照平面设计工作的实际需求组织内容，案例以实用、够用为原则。其中内容包括平面设计学习准备、LOGO 设计、杂志封面设计、海报设计、户外广告设计、包装设计、宣传折页设计、手机 UI 界面设计、宣传展架设计、淘宝店铺设计、卡片设计等内容。

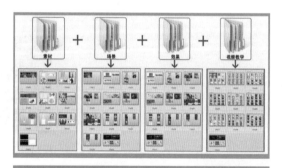

本书特色

Photoshop 功能强大，命令繁多，全部掌握需要很长时间。本书以提高读者的动手能力为出发点，内容易学易用、由浅入深、由易到难，通过诸多案例以及课后项目练习逐步引导读者系统地掌握软件的操作技能和相关行业知识。

本书视频教学贴近实际，几乎手把手教学。

海量的电子学习资源和素材

本书附带大量的学习资料和视频教程，右侧截图给出了部分概览。

本书附带所有的素材文件、场景文件、效果文件、多媒体有声视频教学录像，读者在读完本书内容以后，可以调用这些资源进行深入学习。

读者对象

（1）Photoshop 初学者。

（2）大、中专院校和社会培训班平面设计及其相关专业的教材。

（3）平面设计从业人员。

致谢

本书的出版可以说凝结了许多优秀教师的心血，在这里衷心感谢对本书出版过程给予帮助的老师，感谢你们！

本书由夏魁良（黑河学院）、李岩（黑河学院）、高亚娜（天津市经济贸易学校）编写。其中夏魁良编写第 1～7 章，李岩编写第 8～10 章，高亚娜编写第 11 章。在编写本书的过程中，我们虽竭尽所能将最好的讲解呈献给读者，但难免有疏漏和不妥之处，敬请读者不吝指正。若您在学习中遇到困难或疑问，或有任何建议，可写信发送至邮箱。

素材＋视频＋课件

编 者

目 录

永祥文化传媒有限公司

第03章　杂志封面设计

第04章　海报设计

第05章　户外广告设计

第06章　包装设计

第 07 章　宣传折页设计

第 08 章　手机 UI 界面设计

第 09 章　宣传展架设计

第 10 章　淘宝店铺设计

第 11 章 卡片设计

附 录 Photoshop 2020 常用快捷键

第 01 章
平面设计学习准备

本章导读:

    本章主要对 Photoshop 2020 进行简单的介绍,其中包括 Photoshop 2020 的启动与退出以及字体的安装方法,然后对其工作环境进行介绍,并阐述了多种平面处理软件及平面设计常用术语。通过本章的学习,用户可对 Photoshop 2020 有一个初步的认识,为后面章节的学习奠定良好的基础。

LESSON 1.1 平面设计专业就业前景

平面设计的就业单位包括广告公司、印刷公司、教育机构、媒体机构、电视台等，选择面比较广；就业职位有美术排版、平面广告、海报、灯箱等的设计制作。

1. 市场前景

平面设计与商业活动紧密结合，在国内的就业范围非常广泛，与各行业密切相关，同时也是其他各设计门类（如网页设计、展览展示设计、三维设计、影视动画等）的基石。

2. 前景分析

学习进入得比较快，应用面也比较广，相应的人才供给和需求都比较旺盛。与之相关的报纸、杂志、出版、广告等行业的发展一直呈旺盛趋势。

平面设计基本上也会涉及视觉和广告，目前平面设计的市场确实趋于饱和，连很多非美术专业的人都会操作基本的平面软件，所以平面设计的就业竞争力很大。

平面设计是近年来逐步发展起来的新兴职业，涉及面广且发展迅速。它涵盖的职业范畴包括艺术设计、展示设计、广告设计、书籍装帧设计、包装与装潢设计、服装设计、工业产品设计、商业插画、标志设计、企业CI设计、网页设计等。

近年来设计的概念已深入人心，每年对平面设计、广告设计等设计类人才的需求也非常可观。再加上各化妆品公司、印刷厂和大量企业对广告设计类人才的需求，广告设计类人才的缺口至少达上万名。此外，随着房地产业、室内装饰业等行业的迅速发展，形形色色的家居装饰公司数量也越来越多，相信平面设计人才需求量一定会呈迅速上升的趋势。

LESSON 1.2 常用平面设计软件

在平面设计领域中，较为常用的图形图像处理软件包括 Photoshop、Painter、PhotoImpact、Illustrator、CorelDRAW、Flash、Dreamweaver、Fireworks、PageMaker、InDesign 和 FreeHand 等，其中，Painter 常用在插画等计算机艺术绘画领域；在网页制作上常用的软件为 Flash、Dreamweaver 和 Fireworks；在印刷出版上多使用 PageMaker 和 InDesign。这些软件分属不同的领域，都有着各自的特点，它们之间存在着较强的互补性。

1. PhotoImpact

友立公司的 PhotoImpact 是一款以个人用户多媒体应用为主的图像处理软件，其主要功能为改善相片品质、进行简单的相片处理，并且支持位图图像和矢量图像的无缝组合，打造 3D 图像效果，以及在网页图像方面的应用。PhotoImpact 内置的各种效果要比 Photoshop 更加方便，各种自带的效果模板只要双击鼠标即可直接应用，相对于 Photoshop 来说，PhotoImpact 的功能较简单，更适合初级用户。

2. Illustrator

Adobe 公司的 Illustrator 是目前使用最为普遍的矢量图形绘图软件之一，它在图像处理上也有着强大的功能。Illustrator 与 Photoshop 连接紧密、功能互补，操作界面也极为相似，深受艺术家、插图画家以及广大计算机、美术爱好者的青睐。

3. CorelDRAW

Corel 公司的 CorelDRAW 是一款广为流行的矢量图形绘图软件（它也可以处理位图），在矢量图形处理领域有着非常重要的地位。

4. FreeHand

Macromedia 公司的 FreeHand 是一款优秀的矢量图形绘图软件，它可以处理矢量图形和位图，有着强大的增效功能，可以制作出复杂的图形和标志。在 FreeHand 中，还可以输出动画和网页。

5. Painter

Corel 公司的 Painter 是最优秀的计算机绘画软件之一，它结合了以 Photoshop 为代表的位图图像软件和以 Illustrator、FreeHand 等为代表的矢量图形软件的功能和特点，其惊人的仿真绘画效果和造型效果在业内首屈一指，在图像编辑合成、特效制作、二维绘图等方面均有突出表现。

6. Flash

Adobe 公司的 Flash 是一款广为流行的网络动画软件，它提供了跨平台、高品质的动画，其图像体积小，可嵌入字体与影音文件，常用于制作网页动画、网络游戏、多媒体课件及多媒体光盘等。

7. Dreamweaver

Adobe 公司的 Dreamweaver 是深受用户欢迎的网页设计和网页编程软件，它提供了网页排版、网站管理工具和网页应用程序自动生成器，可以快速地创建动态网页，在建立互动式网页及网站维护方面提供了完整的功能。

8. Fireworks

Adobe 公司的 Fireworks 是一款小巧灵活的绘图软件，它可以处理矢量图形和位图，常用在网页图像的切割处理上。

9. PageMaker

Adobe 公司的 PageMaker 在出版领域的应用非常广泛。它适合编辑任何出版物，不过由于其根基和技术早已在 20 世纪 80 年代制定，经过多年的更新提升后，软件架构已经难以容纳更多的新功能，Adobe 公司在 2004 年已经宣布停止开发 PageMaker 的升级版本。为了满足专业出版及高端排版市场的实际需求，Adobe 公司推出了 InDesign。

10. InDesign

Adobe 公司的 InDesign 参考了印刷出版领域的最新标准，把页面设计提升到了全新层次，它用来生产专业、高品质的出版刊物，包括传单、广告、信签、手册、外包装封套、新闻稿、书籍、PDF 格式的文档和 HTML 网页等。InDesign 具有强大的制作能力、创作自由度和跨媒体支持的功能。

LESSON 1.3 Photoshop 的应用领域

多数人对于 Photoshop 的了解仅限于"一个很好的图像编辑软件"，并不知道它的诸多应用方面。实际上，Photoshop 的应用领域很广泛，在图像、图形、文字、视频、出版各方面都有涉及。

1. 在平面设计中的应用

平面设计是 Photoshop 应用最为广泛的领域，无论是我们正在阅读的图书封面，还是大街上看到的招贴、海报，这些具有丰富图像的平面印刷品，基本上都需要 Photoshop 软件对图像进行处理，如图 1-1 所示。

2. 在界面设计中的应用

界面设计是一个新兴的领域，已经受到越来越多的软件企业及开发者的重视，虽然暂时还未成为一种全新的职业，但相信不久一定会出现专业的界面设计师职业。当前还没有用于做界面设计的专业软件，因此绝大多数设计者使用的都是 Photoshop。

3. 在插画设计中的应用

由于 Photoshop 具有良好的绘画与调色功能，许多插画设计制作者往往使用铅笔绘制草稿，然后用 Photoshop 填色的方法来绘制插画，如图 1-2 所示。

图 1-1　　　　　　图 1-2

4. 在网页设计中的应用

网络的普及是促使更多人需要掌握 Photoshop 的一个重要原因，因为在制作网页时，Photoshop 是必不可少的网页图像处理软件，如图 1-3 所示。

图 1-3

5. 在绘画与数码艺术中的应用

近些年来非常流行的像素画也多为设计师使用 Photoshop 创作的作品。

6. 在动画与 CG 设计中的应用

CG 设计几乎囊括了当今电脑时代中所有的视觉艺术创作活动，如平面印刷品的设计、网页设计、三维动画、影视特效、多媒体技术、以计算机辅助设计为主的建筑设计及工业造型设计等。

7. 在效果图后期制作中的应用

在制作三维场景时，最后的效果图会有所不足，此时可以通过 Photoshop 进行调整，如图 1-4 所示。

图 1-4

8. 在视觉创意中的应用

视觉创意与设计是设计艺术的一个分支，此类设计通常没有非常明显的商业目的，但由于它为广大设计爱好者提供了广阔的设计空间，因此越来越多的设计爱好者开始学习 Photoshop，并进行具有个人特色与风格的视觉创意。

LESSON 1.4　平面设计常用术语

下面通过介绍矢量图、位图、像素、分辨率、颜色模式和图像格式等图像的基础知识，提高掌握图像处理的速度和准确性。

■ 1.4.1　矢量图与位图

矢量图由经过精确定义的直线和曲线组成，这些直线和曲线称为向量；通过移动直线调整其大小或更改其颜色时，不会降低图形的品质。

矢量图与分辨率无关，也就是说，可以将它们缩放到任意尺寸，可以按任意分辨率打印，而不会丢失细节或降低清晰度，如图 1-5 所示。

矢量图的文件所占据的空间微小，但是

该图形的缺点是不易绘制色调丰富的图片，绘制出来的图形无法像位图那样精确。

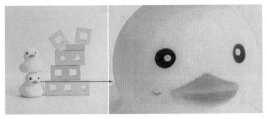

图 1-5

位图图像在技术上称为栅格图像，它由网格上的点组成，这些点称为像素。在处理位图图像时，编辑的是像素，而不是对象或形状。位图图像是连续色调图像（如照片或数字绘画）最常用的电子媒介，因为它们可以表现出阴影和颜色的细微层次。

在屏幕上缩放位图图像时，可能会丢失细节，因为位图图像与分辨率有关，包含固定数量的像素，并且为每个像素分配了特定的位置和颜色值。如果在打印位图图像时采用的分辨率过低，位图图像可能会呈锯齿状，因为此时增加了每个像素的大小，如图 1-6 所示。

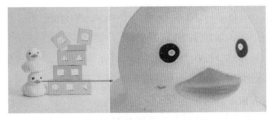

图 1-6

■ 1.4.2 像素与分辨率

像素是构成位图的基本单位，位图图像在高度和宽度方向上的像素总量称为图像的像素大小。当位图图像放大到一定程度的时候，所看到的一个一个马赛克就是像素。

分辨率是指单位长度上像素的数目，其单位为"像素 / 英寸"或"像素 / 厘米"，包括显示器分辨率、图像分辨率和印刷分辨率等。

显示器分辨率取决于显示器的大小及其像素设置。例如，一幅大图像（尺寸为 800 像素 ×600 像素）在 15 英寸显示器上显示时几乎会占满整个屏幕；而同样还是这幅图像，在更大的显示器上所占的屏幕空间就会比较小，每个像素看起来则会比较大。

图像分辨率由打印在纸上的每英寸像素（像素 / 英寸）的数量决定。在 Photoshop 中，可以更改图像的分辨率。打印时，高分辨率的图像比低分辨率的图像包含的像素更多，因此像素点更小。与低分辨率的图像相比，高分辨率的图像可以重现更多的细节和更细微的颜色过渡，因为高分辨率图像中的像素密度更高。无论打印尺寸多大，高品质的图像通常看起来都不错。

■ 1.4.3 颜色模式

颜色模式决定显示和打印电子图像的色彩模型（简单地说，色彩模型是用于表现颜色的一种数学算法），即一幅电子图像用什么样的方式在计算机中显示或打印输出。

常见的颜色模式包括位图模式、灰度模式、双色调模式、HSB（表示色相、饱和度、亮度）模式、RGB（表示红、绿、蓝）模式、CMYK（表示青、洋红、黄、黑）模式、Lab 模式、索引色模式、多通道模式以及 8 位 /16 位模式，每种模式的图像描述、重现色彩的原理及所能显示的颜色数量是不同的。Photoshop 的颜色模式基于色彩模型，而色彩模型对于印刷中使用的图像非常有用，可以从以下模式中选取：RGB（红色、绿色、蓝色）、CMYK（青色、洋红、黄色、黑色）、Lab（基于 CIE L*a*b）和灰度。

选择【图像】|【模式】命令，打开其子菜单，如图 1-7 所示。其中包含了各种颜色模式命令，如常见的灰度模式、RGB 模式、CMYK 模式及 Lab 模式等；Photoshop 也包含了用于特殊颜色输出的索引色模式和双色调模式。

图 1-7

1. RGB 模式

Photoshop 的 RGB 颜色模式使用 RGB 模型，对于彩色图像中的每个 RGB（红色、绿色、蓝色）分量，为每个像素指定一个 0（黑色）到 255（白色）之间的强度值。例如，亮红色可能 R 值为 246，G 值为 020，B 值为 50。

不同图像中 RGB 的各个成分也不尽相同，可能有的 R（红色）成分多一些，有的 B（蓝色）成分多一些。在计算机中，RGB 的所谓"多少"就是指亮度，并使用整数来表示。通常情况下，RGB 各有 256 级亮度，用数字表示为 0 ～ 255。

当所有分量的值均为 255 时，结果是纯白色，如图 1-8 所示；当所有分量的值都为 0 时，结果是纯黑色，如图 1-9 所示。

图 1-8

图 1-9

RGB 图像使用 3 种颜色或 3 个通道在屏幕上重现颜色，如图 1-10 所示。

图 1-10

这 3 个通道将每个像素转换为 24 位（8 位 ×3 通道）色信息。对于 24 位图像，可重现多达 1670 万种颜色；对于 48 位图像（每个通道 16 位），可重现更多的颜色。新建的 Photoshop 图像的默认模式为 RGB，计算机显示器、电视机、投影仪等均使用 RGB 模式显示颜色，这意味着在使用非 RGB 颜色模式（如 CMYK）时，Photoshop 会将 CMYK 图像插值处理为 RGB，以便在屏幕上显示。

2. CMYK 颜色模式

当阳光照射到一个物体上时，这个物体将吸收一部分光线，并将剩下的光线进行反射，反射的光线就是我们所看见的物体颜色。这是一种减色色彩模式，同时也是与 RGB 模式的根本不同之处。不但我们看物体的颜色时用到了这种减色模式，而且在纸上印刷时应用的也是这种减色模式。按照这种减色模式，就衍变出了适合印刷的 CMYK 色彩模式。Photoshop 中的 CMYK 通道如图 1-11 所示。

图 1-11

CMYK 代表印刷上用的 4 种颜色：C 代表青色，M 代表洋红色，Y 代表黄色，K 代表黑色。因为在实际应用中，青色、洋红色和黄色很难叠加形成真正的黑色，最多不过是褐色而已，因此才引入了 K——黑色。黑色的作用是强化暗调，加深暗部色彩。

CMYK 模式是最佳的打印模式，RGB 模式尽管色彩多，但不能完全打印出来。那么是不是在编辑的时候就采用 CMYK 模式呢？其实不是，用 CMYK 模式编辑虽然能够避免色彩的损失，但运算速度很慢。主要的原因如下。

（1）即使在 CMYK 模式下工作，Photoshop 也必须将 CMYK 模式转变为显示器所使用的 RGB 模式。

（2）对于同样的图像，RGB 模式只需要处理 3 个通道即可，而 CMYK 模式则需要处理 4 个通道。

由于用户所使用的扫描仪和显示器都是 RGB 设备，所以无论什么时候使用 CMYK 模式工作，都有把 RGB 模式转换为 CMYK 模式这样一个过程。

RGB 通道灰度图较白表示亮度较高，较黑表示亮度较低，纯白表示亮度最高，纯黑表示亮度为零。图 1-12 所示为 RGB 模式下通道明暗的效果。

图 1-12

CMYK 通道灰度图较白表示油墨含量较低，较黑表示油墨含量较高，纯白表示完全没有油墨，纯黑表示油墨浓度最高。图 1-13 所示为 CMYK 模式下通道明暗的效果。

图 1-13

3. Lab 颜色模式

Lab 颜色模式是在 1931 年国际照明委员会（CIE）制定的颜色度量国际标准模型的基础上建立的，1976 年，该模型经过重新修订后被命名为 CIE L*a*b。

Lab 颜色模式与设备无关，无论使用何种设备（如显示器、打印机、计算机或扫描仪等）创建或输出图像，这种模式都能生成一致的颜色。

Lab 颜色模式是 Photoshop 在不同颜色模式之间转换时使用的中间颜色模式。

Lab 颜色模式将亮度通道从彩色通道中分离出来，成为一个独立的通道。将图像转换为 Lab 颜色模式，然后去掉色彩通道中的 a、b 通道而保留亮度通道，就能获得 100% 逼真的图像亮度信息，得到 100% 准确的黑白效果。

4. 灰度模式

所谓灰度图像，就是指纯白、纯黑以及两者中间的一系列从黑到白的过渡色，大家平常所说的黑白照片、黑白电视实际上都应该称为灰度色才确切。灰度色中不包含任何色相，即不存在红色、黄色这样的颜色。灰度的通常表示方法是百分比，范围从 0% 到 100%。在 Photoshop 中只能输入整数，百分比越高颜色越偏黑，百分比越低颜色越偏白。灰度最高相当于最高的黑，就是纯黑，灰度为 100% 时是黑色，如图 1-14 所示。

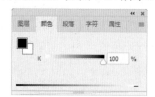

图 1-14

灰度最低相当于最低的黑，也就是没有黑色，那就是纯白，灰度为 0% 时是白色，如图 1-15 所示。

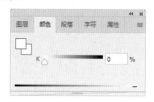

图 1-15

当灰度图像是从彩色图像模式转换而来时，灰度图像反映的是原彩色图像的亮度关系，即每个像素的灰度对应着原像素的亮度，在灰度图像模式下，只有一个描述亮度信息的通道，即灰色通道，如图 1-16 所示。

图 1-16

5. 位图模式

在位图模式下，图像的颜色容量是 1 位，即每个像素的颜色只能在两种深度的颜色中选择，不是黑就是白，其相应的图像也就是由许多个小黑块和小白块组成。

确认当前图像处于灰度的图像模式下，在菜单栏中选择【图像】|【模式】|【位图】命令，打开【位图】对话框，如图 1-17 所示，在该对话框中可以设定转换过程中的减色处理方法。

图 1-17

【位图】对话框中各个选项介绍如下。

◎ 【分辨率】：用于在输出中设定转换后图像的分辨率。

◎ 【方法】：在转换的过程中，可以使用 5 种减色处理方法。【50% 阈值】会将灰度级别大于 50% 的像素全部转换为黑色，将灰度级别小于 50% 的像素转换为白色；【图案仿色】会在图像中产生明显的较暗或较亮的区域；【扩散仿色】会产生一种颗粒效果；【半调网屏】是商业中经常使用的一种输出模式；【自定图案】可以根据定义的图案来减色，使得转换更为灵活、自由。图 1-18 所示为【扩散仿色】的效果。

图 1-18

提示：在位图图像模式下，图像只有一个图层和一个通道，滤镜全部被禁用。

6. 索引颜色模式

索引颜色模式用最多 256 种颜色生成 8 位图像文件。当图像转换为索引颜色模式时，Photoshop 将构建一个 256 种颜色查找表，用于存放索引图像中的颜色。如果原图像中的某种颜色没有出现在该表中，程序将选取最接近的一种或使用仿色来模拟该颜色。

索引颜色模式的优点是它的文件可以做得非常小，同时保持视觉品质不单一，非常适合用来做多媒体动画和 Web 页面。在索引颜色模式下，图像只能进行有限的编辑，若要进一步进行编辑，则应临时转换为 RGB 颜色模式。索引颜色文件可以存储为 Photoshop、BMP、GIF、Photoshop EPS、大型文档格式（PSB）、PCX、Photoshop PDF、Photoshop Raw、Photoshop 2.0、PICT、PNG、Targa 或 TIFF 等格式。

在菜单栏中选择【图像】|【模式】|【索引颜色】命令，即可弹出【索引颜色】对话框，如图 1-19 所示。

图 1-19

【索引颜色】对话框中部分选项介绍如下。

◎ 【调板】选项组：用于选择在转换为索引颜色时使用的调色板，例如需要制作 Web 网页，则可选择 Web 调色板。还可以设置强制选项，将某些颜色强制加入到颜色列表中，例如选择黑白，就可以将纯黑和纯白强制添加到颜色列表中。

◎ 【选项】选项组：在【杂边】下拉列表框中，可指定用于消除图像锯齿边缘的背景色。

在索引颜色模式下，图像只有一个图层和一个通道，滤镜全部被禁用。

7. 双色调模式

双色调模式可以弥补灰度图像的不足。灰度图像虽然拥有 256 种灰度级别，但是在印刷输出时，印刷机的每滴油墨最多只能表现出 50 种左右的灰度，这意味着如果只用一种黑色油墨打印灰度图像，图像将非常粗糙。

如果混合另一种、两种或三种彩色油墨，因为每种油墨都能产生 50 种左右的灰度级别，所以理论上至少可以表现出 50×50 种灰度级别，这样打印出来的双色调、三色调或四色调图像就能表现得非常流畅了。这种靠几盒油墨混合打印的方法被称为"套印"。

一般情况下，双色调套印应用较深的黑色油墨和较浅的灰色油墨进行印刷，黑色油墨用于表现阴影，灰色油墨用于表现中间色调和高光。但更多的情况是将一种黑色油墨与一种彩色油墨配合，用彩色油墨来表现高光区，利用这一技术能给灰度图像轻微上色。

由于双色调使用不同的彩色油墨重新生成不同的灰度，因此在 Photoshop 中将双色调视为单通道、8 位的灰度图像。在双色调模式中，不能像在 RGB、CMYK 和 Lab 模式中那样直接访问单个的图像通道，而是通过【双色调选项】对话框中的曲线来控制通道，如图 1-20 所示。

◎ 【类型】下拉列表框：用于从单色调、双色调、三色调和四色调中选择一种套印类型。

◎ 【油墨】设置项：选择了套印类型后，即可在各色通道中用曲线工具调节套印效果。

图 1-20

■ 1.4.4 图像格式

要确定理想的图像格式，首先必须考虑图像的使用方式，例如，用于网页的图像一般使用 JPEG 和 GIF 格式，用于印刷的图像一般要保存为 TIFF 格式。其次要考虑图像的类型，最好将具有大面积平淡颜色的图像存储为 GIF 或 PNG-8 图像，而将那些具有颜色渐变或其他连续色调的图像存储为 JPEG 或 PNG-24 文件。

在没有正式进入主题之前，首先讲一下有关计算机图形图像格式的相关知识，因为它在某种程度上将决定你所设计创作的作品输出质量的优劣。另外，在制作影视广告片头时，一般会将大量的图像用于素材、材质贴图或背景。当一个作品完成后，输出的文件格式也将决定所制作作品的播放品质。

在日常的工作和学习中，需要收集、发现并积累各种文件格式的素材。需要注意的一点是，所收集的图片或图像文件各种格式的都有，这就涉及图像格式转换的问题，而如果我们已经了解了图像格式的转换方法，则在制作中就不会受到限制，并且还可以轻松地将所收集的和所需的图像文件转为己用。

在作品的输出过程中，同样也可以从容地将它们存储为所需要的文件格式，而不必

再因为播放质量或输出品质的问题而产生困扰。

下面我们就对日常中所涉及的图像格式进行简单介绍。

1. PSD 格式

PSD 是 Photoshop 软件专用的文件格式，它是 Adobe 公司优化格式后的文件，能够保存图像数据的每一个细小部分，包括图层、蒙版、通道以及其他的少数内容，但这些内容在转存成其他格式时将会丢失。另外，因为这种格式是 Photoshop 支持的自身格式文件，所以 Photoshop 能比其他格式更快地打开和存储这种格式的文件。

该格式唯一的缺点是：使用这种格式存储的图像文件特别大，尽管 Photoshop 在计算的过程中已经应用了压缩技术，但是因为这种格式不会造成任何的数据流失，文件体积仍然很大。在编辑的过程中，最好选择这种格式存盘，直到最后编辑完成再转换成其他占用磁盘空间较小、存储质量较好的文件格式。在存储成其他格式的文件时，有时会合并图像中的各图层以及附加的蒙版通道，这会给再次编辑带来不少麻烦，因此，最好在存储一个 PSD 格式的备份文件后再进行转换。

PSD 格式是 Photoshop 软件的专用格式，它支持所有的可用图像模式（位图、灰度、双色调、索引色、RGB、CMYK、Lab 和多通道等）、参考线、Alpha 通道、专色通道和图层（包括调整图层、文字图层和图层效果等）等格式，它可以保存图像的图层和通道等信息，但使用这种格式存储的文件较大。

2. TIFF 格式

TIFF 格式直译为"标签图像文件格式"，是由 Aldus 为 Macintosh 机开发的文件格式。

TIFF 用于在应用程序之间和计算机平台

之间交换文件，是 Macintosh 和 PC 机上使用最广泛的文件格式。它采用无损压缩方式，与图像像素无关。TIFF 常被用于彩色图片扫描，它以 RGB 的全彩色格式存储。

TIFF 格式支持带 Alpha 通道的 CMYK、RGB 和灰度文件，支持不带 Alpha 通道的 Lab、索引色和位图文件，也支持 LZW 压缩。

存储 Adobe Photoshop 图像为 TIFF 格式，可以选择 IBM-PC 兼容计算机可读的格式或 Macintosh 可读的格式。要自动压缩文件，可单击【LZM 压缩】选项。对 TIFF 文件进行压缩可减小文件，但会增加打开和存储文件的时间。

TIFF 是一种灵活的位图图像格式，实际上被所有的绘画、图像编辑和页面排版应用程序所支持，而且几乎所有的桌面扫描仪都可以生成 TIFF 图像。Photoshop 可以在 TIFF 文件中存储图层，但是如果在另一个应用程序中打开该文件，则只有拼合图像是可见的。Photoshop 也能够以 TIFF 格式存储注释、透明度和分辨率数据，TIFF 文件格式在实际工作中主要用于印刷。

3. JPEG 格式

JPEG 是 Macintosh 机上常用的存储类型，但是，无论是从 Photoshop、Painter、FreeHand、Illustrator 等平面软件，还是在 3ds Max 中都能够打开此类格式的文件。

JPEG 格式是所有压缩格式中性能最卓越的。在压缩前，可以从对话框中选择所需图像的最终质量，这样就有效地控制了 JPEG 在压缩时的损失数据量。它可以在保持图像质量不变的前提下，产生惊人的压缩比率：在没有明显质量损失的情况下，它的体积能降到原 BMP 图片的 1/10，这样就不必再为图像文件的质量以及硬盘的大小而头疼了。

另外，用 JPEG 格式，可以将当前所渲染的图像输入到 Macintosh 机上做进一步处理，

或将 Macintosh 机上制作的文件以 JPEG 格式再现于 PC 机上。总之，JPEG 是一种极具价值的文件格式。

4. GIF 格式

GIF 是一种经过压缩的 8 位图像文件。正因为它是经过压缩的，而且又是 8 位的，所以这种格式的文件大多用在网络传输上，传输速度要比其他格式的图像文件快得多。

此格式文件的最大缺点是最多只能处理 256 种色彩，所以不能用于存储真彩的图像文件。也正因为体积小，它曾经一度被应用在计算机教学、娱乐等软件中，也是人们较为喜爱的 8 位图像格式。

5. BMP 格式

BMP 全称为 Windows Bitmap，它是微软公司 Paint 的自身格式，可以被多种 Windows 和 OS/2 应用程序支持。在 Photoshop 中，最多可以使用 16MB 的色彩渲染 BMP 图像。因此，BMP 格式的图像可以具有极其丰富的色彩。

6. EPS 格式

EPS（Encapsulated PostScript）格式是专门为存储矢量图形而设计的，用于在 PostScript 输出设备上打印。

Adobe 公司的 Illustrator 是绘图领域中一个极为优秀的程序。它既可用来创建流动曲线、简单图形，也可以用来创建专业级的精美图像。它的作品一般存储为 EPS 格式。通常 CorelDRAW 等软件也支持这种格式。

7. PDF 格式

PDF 格式被用于 Adobe Acrobat 中。Adobe Acrobat 是 Adobe 公司用于 Windows、MacOS、UNIX 和 DOS 操作系统中的一种电子出版软件。使用 Acrobat Reader 软件可以查看 PDF 文件。与 PostScript 页面一样，PDF 文件可以

包含矢量图形和位图图形，还可以包含电子文档的查找和导航功能，如电子链接等。

PDF 格式支持 RGB、索引色、CMYK、灰度、位图和 Lab 等颜色模式，但不支持 Alpha 通道。PDF 格式支持 JPEG 和 ZIP 压缩，但位图模式文件除外（位图模式文件在存储为 PDF 格式时，采用 CCITT Group4 压缩）。在 Photoshop 中打开其他应用程序创建的 PDF 文件时，Photoshop 会对文件进行栅格化。

8. PCX 格式

PCX 格式普遍用于 IBM PC 兼容计算机上。大多数 PC 软件支持 PCX 格式版本 5；版本 3 文件采用标准 VGA 调色板，不支持自定调色板。

PCX 格式可以支持 DOS 和 Windows 下绘图程序的图像格式。PCX 格式支持 RGB、索引色、灰度和位图颜色模式，不支持 Alpha 通道。PCX 支持 RLE 压缩方式，支持位深度为 1、4、8 或 24 的图像。

9. PNG 格式

现在越来越多的程序设计人员有以 PNG 格式替代 GIF 格式的倾向。像 GIF 一样，PNG 也使用无损压缩方式来减小文件的尺寸。越来越多的软件开始支持这一格式，不久的将来它将会在整个 Web 上流行。

PNG 图像可以是灰度的（位深可达 16 位）或彩色的（位深可达 48 位），为缩小文件尺寸，它还可以是 8 位的索引色。PNG 使用高速交替显示方案，可以迅速地显示，只要下载 1/64 的图像信息就可以显示出低分辨率的预览图像。与 GIF 不同，PNG 格式不支持动画。

PNG 用于存储 Alpha 通道定义文件中的透明区域，以确保将文件存储为 PNG 格式之前，删除那些除了想要的 Alpha 通道以外的所有的 Alpha 通道。

LESSON 1.5 Photoshop 2020 的启动与退出

在学习 Photoshop 前，首先要了解启动与退出 Photoshop 2020 的方法。

■ 1.5.1 启动 Photoshop 2020

启动 Photoshop 2020，可以执行下列操作之一。

◎ 选择【开始】|【所有程序】|【Adobe Photoshop 2020】命令，如图 1-21 所示，即可启动 Photoshop 2020，图 1-22 为 Photoshop 2020 的起始界面。

◎ 直接在桌面上双击 快捷图标。

◎ 双击与 Photoshop 2020 相关联的文档。

图 1-21

图 1-22

■ 1.5.2 退出 Photoshop 2020

若要退出 Photoshop 2020，可以执行下列操作之一。

◎ 单击 Photoshop 2020 程序窗口右上角的【关闭】按钮 ✕ 。

◎ 选择【文件】|【退出】命令，如图 1-23 所示。

◎ 单击 Photoshop 2020 程序窗口左上角的 ![Ps] 图标，在弹出的下拉列表中选择【关闭】命令。

◎ 双击 Photoshop 2020 程序窗口左上角的 ![Ps] 图标。

◎ 按 Alt+F4 组合键。

◎ 按 Ctrl+Q 组合键。

图 1-23

如果当前图像是一个新建的或没有保存过的文件，则会弹出一个信息提示框，如图 1-24 所示，单击【是】按钮，打开【另存为】对话框；单击【否】按钮，可以关闭文件，但不保存修改结果；单击【取消】按钮，可以关闭该对话框，并取消关闭操作。

图 1-24

LESSON 1.6 字体的安装

在 Windows XP 中安装字体非常方便，只需将字体文件复制到系统盘的字体文件夹中；但是在 Windows 7 中，安装字体的方法有了一些改变，不过操作更为简便。这里为大家全面介绍在 Windows 7 中安装字体的方法。

01 在字体文件上单击鼠标右键，然后在弹出的快捷菜单中选择【安装】命令，如图 1-25 所示。

图 1-25

02 即可将字体安装，如图 1-26 所示。

图 1-26

LESSON 1.7 Photoshop 2020 的工作环境

下面介绍 Photoshop 2020 工作区的工具、面板和其他元素。

■ 1.7.1 Photoshop 2020 的工作界面

Photoshop 2020 的工作界面设计得非常系统化，便于操作和理解，同时也易于人们接受，主要由菜单栏、工具选项栏、工具箱、状态栏、面板和工作区等几个部分组成，如图 1-27 所示。

图 1-27

1.7.2　菜单栏

Photoshop 2020 共 有 11 个 主 菜 单，如图 1-28 所示，每个菜单内都包含相同类型的命令。例如，【文件】菜单中包含的是用于设置文件的各种命令，【滤镜】菜单中包含的是各种滤镜命令。

图 1-28

单击一个菜单的名称即可打开该菜单；在菜单中，不同功能的命令之间采用分隔线进行分隔；带有黑色三角标记的命令表示还包含下拉菜单，将光标移动到这样的命令上，即可显示下拉菜单。如图 1-29 所示为【滤镜】|【模糊】下的子菜单。

选择菜单中的一个命令，便可以执行该命令。如果命令后面附有快捷键，则无须打开菜单，直接按快捷键即可执行该命令。例如，按 Alt+Ctrl+I 组合键可以执行【图像】|【图像大小】命令，如图 1-30 所示。

有些命令只提供了字母，要通过快捷方式执行这样的命令，可以按 Alt+ 主菜单字母，使用字母执行命令的操作方法如下。

01 打开一个图像文件，按 Alt 键，然后按 E 键，打开【编辑】下拉菜单，如图 1-31 所示。

图 1-29　　　　　　　图 1-30

图 1-31

02 按 L 键,即可打开【填充】对话框,如图 1-32 所示。

图 1-32

如果一个命令的名称后面带有【…】符号,表示执行该命令时将打开一个对话框,如图 1-33 所示。

图 1-33

如果菜单中的命令显示为灰色,则表示该命令在当前状态下不能使用。

下拉列表会因所选工具的不同而显示不同的内容。例如,使用画笔工具时,显示的下拉列表是画笔选项设置面板;而使用渐变工具时,显示的下拉列表则是渐变编辑面板。在图层上单击右键也可以显示工具菜单,图 1-34 为当前工具为【裁剪工具】时的工具菜单。

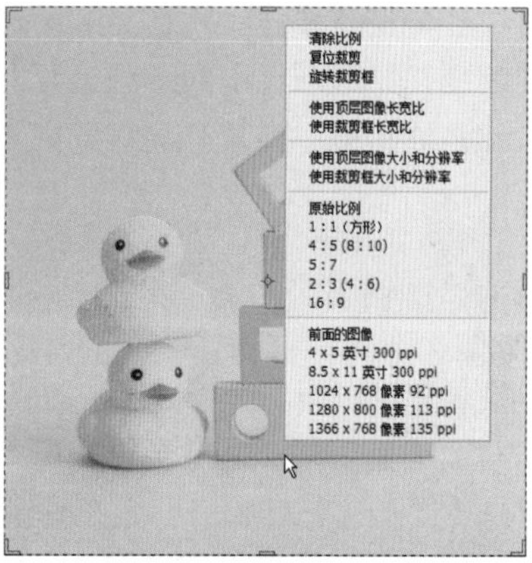

1.7.4 工具选项栏

图 1-34

■ 1.7.3 工具箱

第一次启动应用程序时,工具箱将出现在屏幕的左侧,可通过拖动工具箱的标题栏来移动它。通过选择【窗口】|【工具】命令,用户也可以显示或隐藏工具箱;Photoshop 2020 的工具箱如图 1-35 所示。

单击工具箱中的一个工具即可选择该工具,右下角带有三角形图标的工具表示这是一个工具组,在这样的工具上按住鼠标可以显示隐藏的工具,如图 1-36 所示;将光标移至隐藏的工具上然后放开鼠标,即可选择该工具。

图 1-35   图 1-36

大多数工具的选项都会在该工具的选项栏中显示,选中橡皮擦工具状态的选项栏如图 1-37 所示。

图 1-37

选项栏与工具相关，并且会随所选工具的不同而变化。选项栏中的一些设置对于许多工具都是通用的，但是有些设置则专用于某个工具。

■ 1.7.5 面板

面板是图像编辑的重要工具，它们承担的任务与命令有些相似，甚至面板的很多功能也可以通过命令来完成。例如，创建图层，既可单击【图层】面板中的【创建新图层】按钮 回；也可以使用【图层】|【新建】|【图层】命令完成，但通过面板操作更加简单，一步即可；而在菜单中查找命令所用的步骤就要多一些（除非使用快捷键）。

Photoshop 中的面板数量比较多，占用的空间也很大。因此，怎样合理摆放面板，便成为需要掌握的技巧。

在窗口中，面板既可以分散浮动，也可以成组、嵌套和停放。其特点是：浮动的面板可自由摆放；成组的面板首尾相接；嵌套的面板则节省空间。参数选项的设定方法与对话框基本一样。我们也可以把面板看作始终打开的对话框，由于它们比菜单命令的使用频率高，所以就被固化下来，不会像对话框那样用完就关闭。

在菜单栏中选择【窗口】命令，可以控制面板的显示与隐藏。默认情况下，面板以组的方式堆叠在一起，用鼠标左键拖动面板的顶端可以移动面板组，还可以单击面板左侧的各类面板标签打开相应的面板。

用鼠标左键单击面板中的标签，然后拖动到面板以外，就可以从组中移去面板。

■ 1.7.6 图像窗口

通过图像窗口可以移动整个图像在工作区中的位置。图像窗口显示图像的名称、百分比率、色彩模式以及当前图层等信息，如图 1-38 所示。

图 1-38

单击窗口右上角的 ▬ 图标，可以最小化图像窗口；单击窗口右上角的 ▢ 图标，可以最大化图像窗口；单击窗口右上角的 ✕ 图标，则可关闭整个图像窗口。

■ 1.7.7 状态栏

状态栏位于图像窗口的底部，它左侧的文本框中显示了窗口的视图比例，如图 1-39 所示。

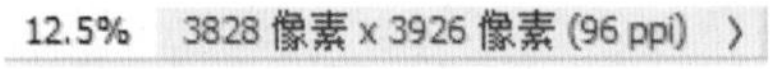

12.5%　3828 像素 x 3926 像素 (96 ppi)　>

图 1-39

在文本框中输入百分比值，然后按 Enter 键，可以重新调整视图比例。

在状态栏上单击，可以显示图像的宽度、高度、通道数目和颜色模式等信息，如图 1-40 所示。

图 1-40

如果按住 Ctrl 键单击（或按住鼠标左键不放），可以显示图像的拼贴宽度等信息，如图 1-41 所示。

单击状态栏中的 〉按钮，弹出如图 1-42 所示的下拉菜单，在其中可以选择状态栏显示的内容。

图 1-41

图 1-42

知识链接：优化工作界面

Photoshop 2020 提供了标准屏幕模式、带有菜单栏的全屏模式和全屏模式，在工具箱中单击【更改屏幕模式】按钮 或按 F 键可实现 3 种模式之间的切换。对于初学者来说，建议使用标准屏幕模式。3 种模式的工作界面如图 1-43 ～图 1-45 所示。

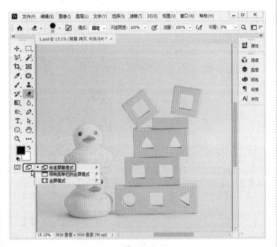

图 1-43

图 1-44

图 1-45

LESSON 1.8 文件的相关操作

本节将讲解 Photoshop 2020 中新建文档、打开文档、保存文档、关闭文档的方法。

1.8.1 新建空白文档

新建 Photoshop 空白文档的具体操作步骤如下。

01 在菜单栏中选择【文件】|【新建】命令，打开【新建文档】对话框，将【宽度】和【高度】都设置为 500 像素，【分辨率】设置为 72 像素 / 英寸，【颜色模式】设置为 RGB 颜色 /8 位，【背景内容】设置为白色，如图 1-46 所示。

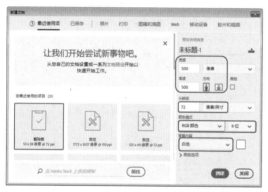

图 1-46

02 设置完成后，单击【创建】按钮，即可新建空白文档，如图 1-47 所示。

图 1-47

1.8.2 打开文档

下面介绍打开文档的具体操作步骤。

01 按 Ctrl+O 组合键，弹出【打开】对话框，选择【素材 \Cha01\ 圣诞树 .jpg】素材文件，如图 1-48 所示。

图 1-48

02 单击【打开】按钮，或按 Enter 键，或双击鼠标，即可打开选择的素材图像，如图 1-49 所示。

图 1-49

提示：在菜单栏中选择【文件】|【打开】命令，如图 1-50 所示；或在工作区域内双击鼠标左键，也可以打开【打开】对话框。按住 Ctrl 键单击需要打开的文件，可以打开多个不相邻的文件；按住 Shift 键单击需要打开的文件，可以打开多个相邻的文件。

图 1-50

■ 1.8.3　保存文档

保存文档的具体操作步骤如下。

01 继续上一节的操作，在菜单栏中选择【图像】|【调整】|【亮度 / 对比度】命令，勾选【使用旧版】复选框，将【亮度】、【对比度】分别设置为 -15、6，单击【确定】按钮，如图 1-51 所示。

图 1-51

02 在菜单栏中选择【文件】|【存储为】命令，如图 1-52 所示。

图 1-52

03 在弹出的【另存为】对话框中设置保存路径、文件名以及保存类型，如图 1-53 所示，单击【保存】按钮。

图 1-53

04 在弹出的【JPEG 选项】对话框中将【品质】设置为 12，单击【确定】按钮，如图 1-54 所示。

图 1-54

提示：如果用户不希望在原图像上进行保存，可选择【文件】|【存储为】命令，或按 Shift+Ctrl+S 组合键打开【另存为】对话框。

■ 1.8.4　关闭文档

关闭文档的方法如下。

◎ 单击文档名标签右侧的 ✕ 按钮，即可关闭当前文档，如图 1-55 所示。

◎　在菜单栏中选择【文件】|【关闭】命令，可关闭当前文档。

◎　按 Ctrl+W 组合键，可快速关闭当前文档。

图 1-55

第 02 章

LOGO 设计

本章导读:

    企业标志是企业视觉传达要素的核心,也是企业开展信息传达的主导力量。标志的领导地位是企业经营理念和经营活动的集中表现,贯穿和应用于企业所有相关的活动中,不仅具有权威性,而且还体现在视觉要素的一体化和多样性上,其他视觉要素都以标志构成整体为中心而展开。本章就来介绍一下企业标志的设计。

2.1 企业标志设计

为了更好地完成本设计案例，现对制作要求及设计内容做如下规划，企业标志效果如图 2-1 所示。

作品名称	企业标志
作品尺寸	831px×531px
设计创意	LOGO 是徽标或者商标的外语缩写，它起到对徽标拥有公司的识别和推广的作用，通过形象的徽标可以让消费者记住公司主体和品牌文化。本案例将通过【横排文字工具】、【圆角矩形工具】、【画笔工具】来制作 LOGO 效果。
主要元素	无
应用软件	Photoshop 2020
素材	无
场景	场景 \Cha02\2.1　企业标志设计 .psd
视频	视频教学 \Cha02\ 2.1.1　企业 LOGO 设计 .mp4 视频教学 \Cha02\ 2.1.2　企业公司名称设计 .mp4
企业标志效果欣赏	图 2-1

2.1.1　企业 LOGO 设计

通过【横排文字工具】、【圆角矩形工具】、【画笔工具】来制作 LOGO 效果，其具体操作步骤如下。

01 启动软件，按 Ctrl+N 组合键，在弹出的对话框中将【宽度】、【高度】分别设置为 831 像素、531 像素，将【分辨率】设置为 72 像素 / 英寸，将【颜色模式】设置为【RGB 颜色】，单击【创建】按钮。在工具箱中单击【圆角矩形工具】　，在工作区中绘制一个圆角矩形，在【属性】面板中将【W】、【H】分别设置为 353 像素、348 像素，将【X】、【Y】分别设置为 240 像素、40 像素，将【填充】设置为 #cd0000，将【描边】设置为无，将所有的【角半径】都设置为 12 像素，如图 2-2 所示。

02 在【图层】面板中按住 Ctrl 键单击【圆角矩形 1】图层的缩览图，将其载入选区，单击【添加图层蒙版】按钮，如图 2-3 所示。

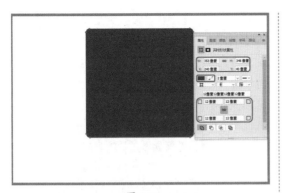

图 2-2

图 2-3

03 将【前景色】设置为#000000，将【背景色】设置为#ffffff，在工具箱中单击【画笔工具】 ，选择一种画笔类型，在工作区中进行涂抹，效果如图2-4所示。

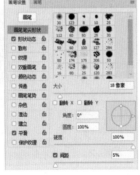

图 2-4

提示：在对圆角矩形进行涂抹时，可以借助【矩形选框工具】进行修饰，使用【矩形选框工具】在蒙版中创建选区，然后填充前景色即可。

04 在工具箱中单击【直排文字工具】 ，在工作区中单击鼠标，输入文本。选中输入的文本，在【字符】面板中将【字体】设置为【经典繁方篆】，将【字体大小】设置为139点，将【字符间距】设置为0，将【颜色】设置为#ffffff，并在工作区中调整其位置，效果如图2-5所示。

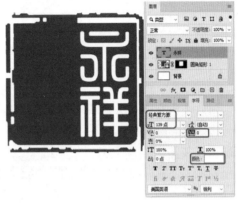

图 2-5

05 在【图层】面板中双击【永祥】文字图层，在弹出的对话框中勾选【描边】复选框，将【大小】设置为2像素，将【位置】设置为【外部】，将【颜色】设置为#ffffff，如图2-6所示。

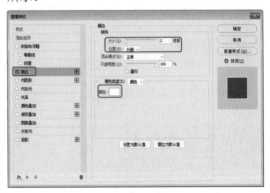

图 2-6

06 设置完成后，单击【确定】按钮，在【图层】面板中选择【永祥】文字图层，按住鼠标左键将其拖曳至【创建新图层】按钮上，对其进行复制，并对其进行修改，调整其位置，效果如图2-7所示。

图 2-7

2.1.2 企业公司名称设计

通过【矩形工具】和【横排文字工具】制作出企业公司名称,其具体操作步骤如下。

`01` 在工具箱中单击【矩形工具】,在工作区中绘制一个矩形,在【属性】面板中将【W】、【H】分别设置为 737 像素、91 像素,将【X】、【Y】分别设置为 48 像素、408 像素,将【填充】设置为 #cd0000,将【描边】设置为无,如图 2-8 所示。

`02` 在工具箱中单击【横排文字工具】 T ,在工作区中输入文本。选中输入的文本,在【字符】面板中将【字体】设置为【经典隶书简】,将【字体大小】设置为 95 点,将【字符间距】设置为 -50,将【垂直缩放】、【水平缩放】均设置为 80%,将【颜色】设置为 #ffffff,如图 2-9 所示。

图 2-8

图 2-9

2.2 机械标志设计

为了更好地完成本设计案例,现对制作要求及设计内容做如下规划,机械标志效果如图 2-10 所示。

作品名称	机械标志
作品尺寸	1638px×483px
设计创意	本例将制作机械类的 LOGO。在使用月亮图标时,只使用了半月,月亮的另一半则用公司名称的前两个字母代替,象征着公司地位的重要性;而右边的三角形,则寓意稳固支撑的作用。在这里强调一点,瑞泰机械主要制作塔吊类机械,塔吊最需要的是稳固,而倒三角则寓意根深蒂固,像植物的根一样深深地扎入地底。文字则放于图标的右侧。
主要元素	无
应用软件	Photoshop 2020
素材	无

(续表)

场景	场景 \Cha02\2.2 机械标志设计 .psd
视频	视频教学 \Cha02\2.2.1 机械 LOGO 设计 .mp4 视频教学 \Cha02\2.2.2 机械公司名称设计 .mp4
机械标志 效果欣赏	 图 2-10

■ 2.2.1 机械 LOGO 设计

使用【椭圆工具】绘制 LOGO 的月牙标志，使用【横排文字工具】输入文本，对文本分别进行栅格化，并转换为形状对文字进行调整，使用【钢笔工具】绘制出三角形，完成机械 LOGO 的设计，其具体操作步骤如下。

01 按 Ctrl+N 组合键，在弹出的对话框中将【宽度】、【高度】分别设置为 1638 像素、483 像素，将【分辨率】设置为 300 像素 / 英寸，将【颜色模式】设置为【RGB 颜色】，单击【创建】按钮。在工具箱中单击【椭圆工具】◎，在工具选项栏中将【填充】设置为 # e6212a，将【描边】设置为无，将【路径操作】设置为【减去顶层形状】。在工作区中按住 Shift 键绘制一个正圆，在【属性】面板中将【W】、【H】均设置为 375 像素，将【X】、【Y】分别设置为 69 像素、50 像素，如图 2-11 所示。

02 在工作区中继续使用【椭圆工具】，按住 Shift 键绘制【W】、【H】都为 373 像素的圆形，将【X】、【Y】分别设置为 104 像素、64 像素，如图 2-12 所示。

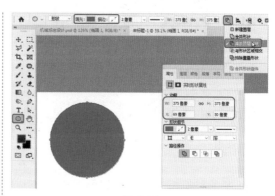

图 2-11

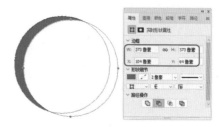

图 2-12

03 在工具箱中单击【横排文字工具】T，输入文本，在【字符】面板中将【字体】设置为【方正综艺简体】，将【字体大小】设置为 86 点，将【垂直缩放】、【水平缩放】分别设置为 105%、95%，将【颜色】设置为 #342c2a，单击【仿斜体】按钮 T，如图 2-13 所示。

04 继续使用【横排文字工具】输入文本，在【字符】面板中将【字体】设置为【方正综艺简体】，将【字体大小】设置为86点，将【垂直缩放】、【水平缩放】分别设置为105%、98%，将【颜色】设置为#342c2a，单击【仿斜体】按钮 *I*，如图2-14所示。

图 2-13

图 2-14

05 在【图层】面板中选择【R】图层，右击鼠标，在弹出的快捷菜单中选择【栅格化文字】命令。在工具箱中单击【橡皮擦工具】 ，

擦除多余的部分，效果如图2-15所示。

图 2-15

06 在【图层】面板中选择【T】图层，右击鼠标，在弹出的快捷菜单中选择【转换为形状】命令。在工具箱中单击【直接选择工具】 ，选择如图2-16所示的锚点，将其向左侧移动，对"T"字进行变形操作。

图 2-16

知识链接：

（1）路径

路径是不包含像素的矢量对象，用户可以利用路径功能绘制各种线条或曲线，它在创建复杂选区、准确绘制图形方面有更快捷、更实用的优点。

（2）路径的形态

路径是由线条及其包围的区域组成的矢量轮廓。它包括有起点和终点的开放式路径（如图2-17所示），以及没有起点和终点的闭合式路径（如图2-18所示）两种。此外，路径也可以由多个相互独立的路径组件组成，这些路径组件被称为子路径，如图2-19所示的路径中包含4个子路径。

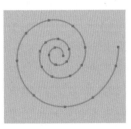

图 2-17

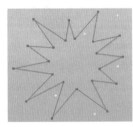

图 2-18

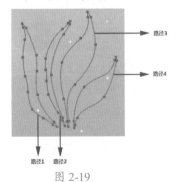

图 2-19

（3）路径的组成

路径由一个或多个曲线段或直线段、控制点、锚点和方向线等组成，如图 2-20 所示。

锚点又称为定位点，它的两端会连接直线或曲线。根据控制柄和路径的关系，锚点可分为几种不同的性质。平滑点连接可以形成平滑的曲线，如图 2-21 所示；角点连接形成的直线如图 2-22 所示。

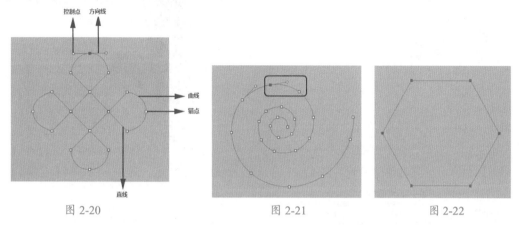

图 2-20   图 2-21   图 2-22

（4）【路径】面板

【路径】面板用来存储和管理路径。执行【窗口】|【路径】命令，可以打开【路径】面板，其中列出了每条存储的路径，以及当前工作路径和当前矢量蒙版的名称与缩览图，如图 2-23 所示。

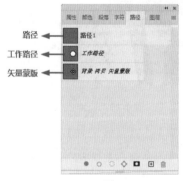

图 2-23

【路径】面板各部分介绍如下。

◎ 路径：当前文档中包含的路径。

◎ 工作路径：工作路径是出现在【路径】面板中的临时路径，用于定义形状的轮廓。

◎ 矢量蒙版：当前文档中包含的矢量蒙版。

◎ 【用前景色填充路径】按钮●：单击该按钮，可以用前景色填充路径形成的区域。

◎ 【用画笔描边路径】按钮○：单击该按钮，可以用画笔工具沿路径描边。

◎ 【将路径作为选区载入】按钮◎：单击该按钮，可以将当前选择的路径转换为选区。

◎ 【从选区生成工作路径】按钮◇：如果创建了选区，单击该按钮，可以将选区边界转换为工作路径。

◎ 【添加图层蒙版】按钮▪：单击该按钮，可以为当前工作路径添加矢量蒙版。

◎ 【创建新路径】按钮⊞：单击该按钮，可以创建新的路径。如果按住 Alt 键单击该按钮，可以打开【新建路径】对话框，在其中输入路径的名称也可以新建路径。新建路径后，可以使用钢笔工具或形状工具绘制图形。

◎ 【删除当前路径】按钮🗑：选择路径后，单击该按钮，可删除路径。也可以将路径拖至该按钮上直接删除。

07 在工具箱中单击【钢笔工具】 ⌀. ，绘制三角形，在工具选项栏中将【填充】设置为 #e6212a，将【描边】设置为无，如图 2-24 所示。

图 2-24

08 选择绘制的三角形，按 Ctrl+J 组合键复制图层，按 Ctrl+T 组合键，在复制的三角形上右击鼠标，在弹出的快捷菜单中选择【垂直翻转】命令，调整对象的位置，按 Enter 键确认，如图 2-25 所示。

图 2-25

09 在工具箱中单击【直线工具】 ╱. ，在工具选项栏中将【工具模式】设置为【形状】，将【填充】设置为无，将【描边】设置为白色，将【描边宽度】设置为 2 像素，将【粗细】设置为 3 像素，在工作区中绘制水平线段，效果如图 2-26 所示。

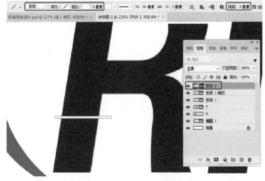

图 2-26

10 选择【形状 2】图层，按 Ctrl+J 组合键复制直线图层，按 Ctrl+T 组合键，向下移动直

线段的位置，按 Enter 键确认，然后按 Ctrl+J 组合键和 Ctrl+Alt+Shift+T 组合键，多次复制图层，此时直线段会有规律地向下自动进行复制，如图 2-27 所示。

图 2-27

11 在【图层】面板中选择所有的直线段，在图层上右击鼠标，在弹出的快捷菜单中选择【合并形状】命令，如图 2-28 所示。

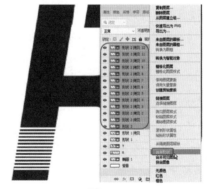

图 2-28

12 将合并后的图层重命名为【直线段】，将【直线段】图层复制一份，将两个图层分别调整至【R】、【T】图层的上方，并创建剪贴蒙版，效果如图 2-29 所示。

图 2-29

■ 2.2.2　机械公司名称设计

使用【横排文字工具】输入机械公司名称，在【字符】面板中设置参数，其具体操作步骤如下。

01 在工具箱中单击【横排文字工具】**T.**，输入文本，在【字符】面板中将【字体】设置为【方正综艺简体】，将【字体大小】设置为 53 点，将【字符间距】设置为 0，将【垂直缩放】、【水平缩放】均设置为 100%，将【颜色】设置为 #342c2a，如图 2-30 所示。

图 2-30

02 在工具箱中单击【横排文字工具】**T.**，输入文本，在【字符】面板中将【字体】设置为【方正综艺简体】，将【字体大小】设置为 22 点，将【字符间距】设置为 0，将【颜色】设置为 #342c2a，如图 2-31 所示。

图 2-31

LESSON
课后项目
练习

茶叶标志设计

某茶叶品牌需要设计师设计出具有茶壶、茶叶、祥云元素的 LOGO，要求 LOGO 简约高端，体现出茶馆的禅意。

1. 课后项目练习效果展示

效果如图 2-32 所示。

图 2-32

2. 课后项目练习过程概要

（1）通过【椭圆工具】和【钢笔工具】制作 LOGO。

（2）使用【横排文字工具】输入茶叶信息。

素材	无
场景	场景 \Cha02\ 茶叶标志设计 .psd
视频	视频教学 \Cha02\ 茶叶标志设计 .mp4

01 按 Ctrl+N 组合键，在弹出的对话框中将【宽度】、【高度】分别设置为 3300 像素、1296 像素，将【分辨率】设置为 72 像素 / 英寸，将【颜色模式】设置为【RGB 颜色】，单击【创建】按钮。在工具箱中单击【椭圆工具】**○.**，在工具选项栏中将【填充】设置为 # b1201b，将【描边】设置为无，将【路径操作】设置为【减去顶层形状】，在工作区中按住 Shift 键绘制一个正圆，在【属性】面板中将【W】、【H】分别设置为 840 像素、842 像素，将【X】、【Y】分别设置为 329 像素、214 像素，如图 2-33 所示。

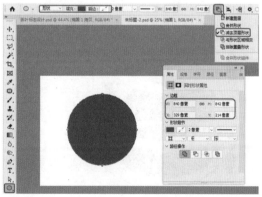

图 2-33

02 在工作区中继续使用【椭圆工具】，按住

Shift 键绘制【W】、【H】均为 832 像素的圆形，将【X】、【Y】分别设置为 340 像素、216 像素，如图 2-34 所示。

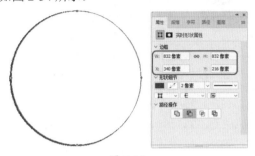

图 2-34

03 在工具箱中单击【钢笔工具】 ◎，绘制茶叶对象，将【填充】设置为 #b1201b，将【描边】设置为无，如图 2-35 所示。

图 2-35

04 使用【钢笔工具】绘制如图 2-36 所示的图形，将【填充】设置为 #b1201b，将【描边】设置为无。

图 2-36

05 使用【钢笔工具】绘制白色的祥云对象，效果如图 2-37 所示。

图 2-37

06 在工具箱中单击【横排文字工具】 T，输入文本，在【字符】面板中将【字体】设置为【方正大标宋简体】，将【字体大小】设置为 506 点，将【字符间距】设置为 0，将【颜色】设置为 #342c2a，如图 2-38 所示。

图 2-38

07 在工具箱中单击【横排文字工具】 T，输入文本，在【字符】面板中将【字体】设置为【方正大标宋简体】，将【字体大小】设置为 165 点，将【字符间距】设置为 0，将【颜色】设置为 #342c2a，如图 2-39 所示。

图 2-39

第 03 章

杂志封面设计

本章导读:

    杂志是形成于罢工、罢课或战争中的宣传小册子。因为这种类似于报纸、注重时效的手册,兼顾了更加详尽的评论,所以一种新的媒体随着这样特殊的原因就产生了。下面讲解杂志封面的制作。

3.1 制作戏曲文化杂志封面

为了更好地完成本设计案例，现对制作要求及设计内容做如下规划，效果如图3-1所示。

作品名称	制作戏曲文化杂志封面
作品尺寸	800px×1200px
设计创意	（1）添加素材对象，置入素材文件。 （2）讲解如何通过【横排文字工具】、【矩形工具】、【椭圆工具】、【钢笔工具】绘制图形与输入文字。
主要元素	（1）戏曲背景。 （2）文字效果与图形元素。
应用软件	Photoshop 2020
素材	素材\Cha03\戏曲杂志素材01.jpg、戏曲杂志素材02.png、戏曲杂志素材03.png、戏曲杂志素材04.png
场景	场景\Cha03\3.1　制作戏曲文化杂志封面.psd
视频	视频教学\Cha03\3.1.1　制作戏曲文化杂志界面标题.mp4 视频教学\Cha03\3.1.2　制作戏曲文化杂志界面内容.mp4
戏曲文化 杂志封面 效果欣赏	 图3-1

■ 3.1.1 制作戏曲文化杂志界面标题

下面通过【矩形工具】和【文字工具】制作出杂志界面标题部分，然后通过导入素材文件完善效果。

`01` 启动软件，按Ctrl+N组合键，在弹出的对话框中将【宽度】、【高度】分别设置为800像素、

1200 像素，将【分辨率】设置为 72 像素 / 英寸，将【颜色模式】设置为【RGB 颜色】。将背景颜色设置为白色，设置完成后，单击【创建】按钮。选择菜单栏中的【文件】|【置入嵌入对象】命令，在弹出的对话框中选择【素材 \Cha03\ 戏曲杂志素材 01.jpg】素材文件，单击【置入】按钮，将其置入文档中并调整大小与位置，如图 3-2 所示。

图 3-2

02 使用同样方法将【戏曲杂志素材 02.png】素材文件置入文档中，并调整素材文件大小与位置，如图 3-3 所示。

图 3-3

03 在工具箱中单击【矩形工具】，绘制矩形，在【属性】面板中将【W】、【H】分别设置为 46 像素、121 像素，将【X】、【Y】分别设置为 92 像素、0 像素，将【填充】的 RGB 值设置为 127、28、31，将【描边】设置为无，如图 3-4 所示。

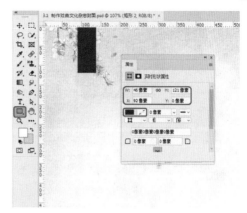

图 3-4

04 在工具箱中单击【直排文字工具】，输入文本【第 9 期】，在【字符】面板中将【字体】设置为【微软雅黑】，将【字体大小】设置为 26 点，将【字符间距】设置为 300，将【颜色】的 RGB 值设置为 255、255、255，设置完成后调整文本位置，如图 3-5 所示。

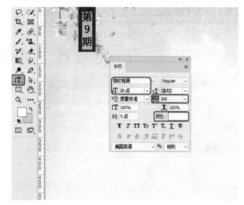

图 3-5

05 使用【横排文字工具】输入文本【戏剧】，在【字符】面板中将【字体】设置为【汉仪行楷简】，将【字体大小】设置为 215 点，将【字符间距】设置为 -300，将【颜色】的 RGB 值设置为 214、22、25，设置完成后调整文本位置，如图 3-6 所示。

06 在【图层】面板中双击【戏剧】图层，在弹出的对话框中勾选【描边】复选框，将【大小】设置为 5 像素，将【位置】设置为【外部】，将【混合模式】设置为【正常】，将【不透明度】设置为 100%，将【颜色】设置为白色，如图 3-7 所示。

图 3-6

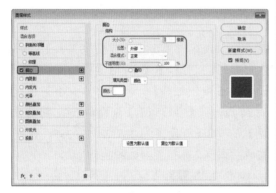

图 3-7

07 勾选【外发光】复选框，将【混合模式】设置为【滤色】，将【不透明度】设置为35%，将【杂色】设置为0%，将【颜色】设置为白色，将【方法】设置为【精确】，将【扩展】、【大小】分别设置为0%、40像素，如图3-8所示。

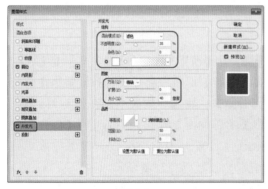

图 3-8

08 勾选【投影】复选框，将【混合模式】设置为【正片叠底】，将【颜色】的RGB值设置为34、24、21，将【不透明度】设置为100%，将【角度】设置为90度，勾选【使用全局光】复选框，将【距离】、【扩展】、【大小】分别设置为10像素、10%、20像素，设置完成后单击【确定】按钮，如图3-9所示。

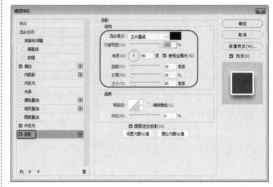

图 3-9

3.1.2 制作戏曲文化杂志界面内容

下面将介绍如何制作戏曲文化杂志界面内容，主要利用【矩形工具】、【横排文字工具】。

01 使用【矩形工具】绘制图形，在【属性】面板中将【W】、【H】分别设置为225像素、27像素，将【X】、【Y】分别设置为264像素、309像素，将【填充】的RGB值设置为227、128、61，将【描边】设置为无，如图3-10所示。

图 3-10

02 在工具箱中单击【横排文字工具】，输入文本 ART INHERITANCE，在【字符】面板中将【字体】设置为【方正黑体简体】，将【字体大小】设置为15点，将【字符间距】设置为380，将【颜色】的RGB值设置为255、255、255，设置完成后调整文本位置，如图3-11所示。

图 3-11

03 使用【横排文字工具】输入文本【京剧·传承】,在【字符】面板中将【字体】设置为【Adobe黑体 Std】,将【字体大小】设置为 46 点,将【字符间距】设置为 0,将【颜色】的 RGB 值设置为 164、0、0,单击【仿粗体】按钮,设置完成后调整文本位置,如图 3-12 所示。

图 3-12

04 单击工具箱中的【直排文字工具】,输入文本【文化】,在【字符】面板中将【字体】设置为【汉仪行楷简】,将【字体大小】设置为 65 点,将【字符间距】设置为 -300,将【颜色】的 RGB 值设置为 34、23、20,取消单击【仿粗体】按钮,设置完成后调整文本位置,如图 3-13 所示。

图 3-13

05 在工具箱中单击【矩形工具】,绘制图形,在【属性】面板中将【W】、【H】均设置为41 像素,将【X】、【Y】分别设置为 586 像素、140 像素,将【填充】的 RGB 值设置为139、29、35,将【描边】设置为无,将所有【角半径】设置为 3 像素,如图 3-14 所示。

图 3-14

06 选择绘制的矩形,按 Ctrl+T 组合键,将【旋转】设置为 -45 度,如图 3-15 所示。

图 3-15

07 选中设置完的矩形,按住 Alt 键拖曳鼠标复制多个矩形,并调整复制图形的位置,使用【直排文字工具】输入文本【中国戏曲艺术】,在【字符】面板中将【字体】设置为【方正小标宋简体】,将【字体大小】设置为 32点,将【字符间距】设置为 380,将【颜色】的 RGB 值设置为 227、128、61,设置完成后调整文本位置,如图 3-16 所示。

08 单击工具箱中的【直排文字工具】,输入文本【世界非遗文化】,在【字符】面板中将【字体】设置为【汉仪大宋简】,将【字体大小】设置为 24 点,将【字符间距】设置为 -10,将【水平缩放】设置为 87%,将【颜色】的 RGB 值设置为 34、23、20，设置完成后调整文本位置，如图 3-17 所示。

图 3-16

图 3-17

09 根据前面介绍的方法输入其他文本，并绘制其他矩形进行相应的设置，如图 3-18 所示。

10 选择菜单栏中的【文件】|【置入嵌入对象】命令，在弹出的对话框中选择【素材\Cha03\ 戏曲杂志素材 03.png】、【戏曲杂志素材 04.png】素材文件，单击【置入】按钮，将选中的素材文件置入文档中，并调整文件的大小与位置，如图 3-19 所示。

图 3-18

图 3-19

 LESSON 3.2 制作美食杂志封面

为了更好地完成本设计案例，现对制作要求及设计内容做如下规划，效果如图 3-20 所示。

作品名称	制作美食杂志封面
作品尺寸	1500px×2049px
设计创意	（1）置入素材文件，然后使用【矩形工具】和【文字工具】制作出标题部分效果。 （2）对文字添加投影效果，让文字更好地体现出唯美感。
主要元素	（1）美食杂志标题效果。 （2）文字效果与图形元素。
应用软件	Photoshop 2020
素材	素材 \Cha03\ 美食杂志素材 01.jpg
场景	场景 \Cha03\3.2　制作美食杂志封面 .psd

（续表）

视频	视频教学 \Cha03\3.2.1　制作美食杂志标题效果 .mp4 视频教学 \Cha03\3.2.2　制作美食杂志内容效果 .mp4
美食杂志 封面效果 欣赏	  图 3-20

3.2.1　制作美食杂志标题效果

下面将讲解通过【矩形工具】与【文字工具】制作出杂志标题部分，然后通过导入素材文件完善效果。

01 启动软件，按 Ctrl+N 组合键，在弹出的对话框中将【宽度】、【高度】分别设置为1500 像素、2049 像素，将【分辨率】设置为 72 像素 / 英寸，将【背景内容】设置为白色，设置完成后单击【创建】按钮。选择菜单栏中的【文件】|【置入嵌入对象】命令，弹出【置入嵌入的对象】对话框，选择【素材 \Cha03\ 美食杂志素材 01.jpg】素材文件，单击【置入】按钮，并调整其大小与位置，如图 3-21 所示。

图 3-21

02 在工具箱中单击【矩形工具】，绘制图形，在【属性】面板中将【W】、【H】均设置为

562 像素，将【X】、【Y】分别设置为 39 像素、118 像素，将【填充】的 RGB 值设置为236、190、72，将【描边】设置为无，如图 3-22所示。

图 3-22

03 在工具箱中单击【横排文字工具】 T.，输入文本【FINE FOOD】，在【字符】面板中将【字体】设置为【方正小标宋简体】，将【字体大小】设置为 211 点，将【字符间距】设置为 100，将【颜色】的 RGB 值设置为 185、29、35，如图 3-23 所示。

04 在工具箱中单击【横排文字工具】 T.，输入文本【美食杂志】，在【字符】面板中将【字体】设置为【方正小标宋简体】，将【字体大小】设置为 90 点，将【字符间距】设置为 100，将【颜色】的 RGB 值设置为 4、0、0，如图 3-24所示。

图 3-23

图 3-24

05 在工具箱中单击【横排文字工具】 T ，输入文本【Flavored coffee】，在【字符】面板中将【字体】设置为【方正小标宋简体】，将【字体大小】设置为 28 点，将【字符间距】设置为 100，将【颜色】的 RGB 值设置为 4、0、0，单击【全部大写字母】按钮。使用同样的方法输入【美食/美味/健康/生活】文本，将【字符间距】设置为 200，其他设置同样的参数，如图 3-25 所示。

图 3-25

06 使用【横排文字工具】输入文本，在【字符】面板中将【字体】设置为【方正小标宋简体】，将【字体大小】设置为 42 点，将【字符间距】设置为 100，将【颜色】的 RGB 值设置为 4、0、0，取消单击【全部大写字母】按钮，如图 3-26 所示。

图 3-26

3.2.2 制作美食杂志内容效果

本节将介绍如何制作美食杂志内容，主要利用【横排文字工具】对文字进行排版，制作出简洁并富有设计感的杂志封面。

01 在工具箱中单击【矩形工具】，绘制图形，在【属性】面板中将【W】、【H】均设置为 52 像素，将【填充】设置为无，将【描边】的 RGB 值设置为 4、0、0，将【描边宽度】设置为 2.5 点，设置完成后调整矩形位置，如图 3-27 所示。

图 3-27

02 使用【横排文字工具】输入文本【GO】，在【字符】面板中将【字体】设置为【创艺简黑体】，将【字体大小】设置为 390 点，将【字符间距】设置为 100，将【颜色】设置为白色，单击【仿斜体】按钮，设置完成后调整文本位置，如图 3-28 所示。

图 3-28

03 在【图层】面板中双击【GO】图层，弹出【图层样式】对话框，勾选【投影】复选框，将【混合模式】设置为【正片叠底】，将【颜色】的 RGB 值设置为 108、105、103，将【不透明度】设置为 100%，将【角度】设置为 146 度，勾选【使用全局光】复选框，将【距离】、【扩展】、【大小】分别设置为 24 像素、9%、5 像素，如图 3-29 所示。单击【确定】按钮。

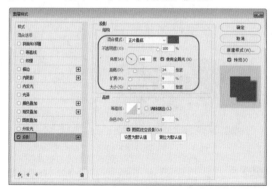

图 3-29

04 使用【横排文字工具】输入文本【TO EAT】，在【字符】面板中将【字体】设置为【创艺简黑体】，将【字体大小】设置为 181 点，将【字符间距】设置为 100，将【颜色】设置为白色，单击【仿粗体】按钮和【仿斜体】按钮，设置完成后调整文本位置，如图 3-30 所示。

图 3-30

05 打开【图层】面板，选中【GO】图层，在空白处单击鼠标右键，弹出快捷菜单，选择【拷贝图层样式】命令，如图 3-31 所示。

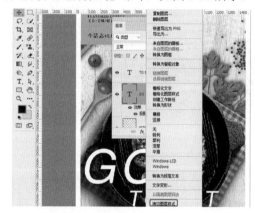

图 3-31

06 在【图层】面板中选中【TO EAT】图层，单击鼠标右键，在弹出的快捷菜单中选择【粘贴图层样式】命令，如图 3-32 所示。

图 3-32

07 根据前面介绍的方法输入其他文本，并为文本添加图层样式与颜色，设置完成后调整文本位置，如图 3-33 所示。

图 3-33

LESSON
课后项目
练习

制作汽车杂志封面

某 4S 店需要利用汽车杂志对外进行宣传与推广，展现新产品的功能与外观，让客户挑选属于自己的汽车。

1. 课后项目练习效果展示

如图 3-34 所示。

图 3-34

2. 课后项目练习过程概要

（1）创建文档并置入素材文件。

（2）通过【横排文字工具】、【钢笔工具】填充文档空白部分，最终制作出汽车杂志封面设计效果。

素材	素材 \Cha03\ 汽车杂志素材 01.png、汽车杂志素材 02.jpg、汽车杂志素材 03.jpg、汽车杂志素材 04.jpg
场景	场景 \Cha03\ 制作汽车杂志封面 .psd
视频	视频教学 \Cha03\ 制作汽车杂志封面 .mp4

01 启动软件，按 Ctrl+N 组合键，在弹出的对话框中将【宽度】、【高度】分别设置为 1000 像素、1102 像素，将【分辨率】设置为 72 像素 / 英寸，将背景颜色设置为白色，设置完成后，单击【创建】按钮。在菜单栏中选择【文件】|【置入嵌入对象】命令，在弹出的对话框中选择【素材 \Cha03\ 汽车杂志素材 01.png】素材文件，单击【置入】按钮，调整其位置与大小，如图 3-35 所示。

图 3-35

02 在工具箱中单击【矩形工具】，在工作区中绘制一个矩形，将【W】、【H】分别设置为 1000 像素、279 像素，将【X】、【Y】分别设置为 0 像素、-2 像素，将【填充】的 RGB 值设置为 231、31、25，将【描边】设置为无，如图 3-36 所示。

03 在工具箱中单击【横排文字工具】 **T.**，输入文本【汽车】，在【字符】面板中将【字体】设置为【方正粗宋简体】，将【字体大小】

设置为 125 点，将【颜色】的 RGB 值设置为 254、247、232，如图 3-37 所示。

图 3-36

图 3-37

04 在【图层】面板中双击【汽车】图层，弹出【图层样式】对话框，勾选【投影】复选框，将【混合模式】设置为【正片叠底】，将【颜色】的 RGB 值设置为 108、105、103，将【不透明度】设置为 100%，将【角度】设置为 90 度，勾选【使用全局光】复选框，将【距离】、【扩展】、【大小】分别设置为 9 像素、10%、5 像素，单击【确定】按钮，如图 3-38 所示。

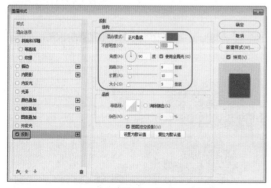

图 3-38

05 在工具箱中单击【横排文字工具】 **T** ，

输入文本【周刊】，在【字符】面板中将【字体】设置为【方正粗宋简体】，将【字体大小】设置为 125 点，将【颜色】的 RGB 值设置为 254、247、232，如图 3-39 所示。

图 3-39

06 在【图层】面板中选中【汽车】图层，在图层下方的投影上单击鼠标右键，弹出快捷菜单，选择【拷贝图层样式】命令，如图 3-40 所示。

图 3-40

07 在【图层】面板中选中【周刊】图层，在图层空白处单击鼠标右键，弹出快捷菜单，选择【粘贴图层样式】命令，如图 3-41 所示。

图 3-41

08 在工具箱中单击【横排文字工具】 T.，输入文本【AUTO MAGAZINE】，在【字符】面板中将【字体】设置为【方正粗宋简体】，将【字体大小】设置为 27 点，将【颜色】的 RGB 值设置为 254、247、232，如图 3-42 所示。

图 3-42

09 在菜单栏中选择【文件】|【置入嵌入对象】命令，在弹出的对话框中选择【素材\Cha03\汽车杂志素材 02.jpg】素材文件，单击【置入】按钮，将选中的素材文件置入文档中，并调整其位置与大小，如图 3-43 所示。

图 3-43

10 在工具箱中单击【矩形工具】，在工作区中绘制图形，在【属性】面板中将【W】、【H】分别设置为 385 像素、225 像素，将【X】、【Y】分别设置为 -2 像素、420 像素，将【填充】的 RGB 值设置为 163、157、151，将【描边】设置为无，如图 3-44 所示。

图 3-44

11 打开【图层】面板，选中【矩形 2】图层，将【不透明度】设置为 80%，如图 3-45 所示。

图 3-45

12 使用【横排文字工具】输入文本【点火系统改装剖析】，将【字体】设置为【方正粗宋简体】，将【字体大小】设置为 72 点，将【行距】设置为 80 点，将【颜色】设置为白色，如图 3-46 所示。

图 3-46

13 在工具箱中单击【椭圆工具】，在工作区中绘制图形，在【属性】面板中将【W】、【H】均设置为 212 像素，将【X】、【Y】分别设置为 454 像素、312 像素，将【填充】的 RGB 值设置为 30、28、28，将【描边】设置为白色，将【描边宽度】设置为 5 像素，如图 3-47 所示。

图 3-47

14 在菜单栏中选择【文件】|【置入嵌入对象】命令，在弹出的对话框中选择【素材\Cha03\汽车杂志素材 03.jpg】素材文件，单击【置入】按钮，将选中的素材文件置入文档中，并调整其位置与大小，如图 3-48 所示。

图 3-48

15 打开【图层】面板，选中【汽车杂志素材 03】图层，在图层空白处单击鼠标右键，弹出快捷菜单，选择【创建剪贴蒙版】命令，如图 3-49 所示。

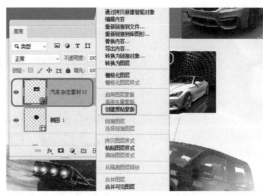

图 3-49

16 使用同样的方法置入【汽车杂志素材 04.jpg】素材文件，并执行【创建剪贴蒙版】命令，如图 3-50 所示。

图 3-50

17 在工具箱中单击【横排文字工具】 **T.**，输入文本【震撼】，在【字符】面板中将【字体】设置为【微软简综艺】，将【字体大小】设置为 120 点，将【颜色】的 RGB 值设置为 255、255、255，如图 3-51 所示。

图 3-51

18 使用同样的方法输入其他文本，并进行相应的设置，如图 3-52 所示。

图 3-52

第 04 章

海报设计

本章导读：

    在现代生活中，海报是最为常见的一种宣传方式。海报大多用于影视剧和新品、商业活动等宣传中，主要是将图片、文字、色彩、空间等要素进行结合，以恰当的形式向人们展示出宣传信息。海报设计是视觉传达的表现形式之一，通过版面的构成在第一时间将人们的目光吸引，并获得瞬间的刺激，这要求设计者能将图片、文字、色彩、空间等要素进行艺术的结合，以恰当的形式向人们展示出宣传信息。

4.1 汽车海报设计

为了更好地完成本设计案例，现对制作要求及设计内容做如下规划，汽车海报效果如图4-1所示。

作品名称	汽车海报
作品尺寸	1500px×938px
设计创意	（1）汽车海报的设计在于广告的背景，背景需具有一定的冲击力。 （2）醒目而富有力量的大标题，简洁而务实的文案，具备识别性和连贯性的色彩运用是每个广告的必要因素。
主要元素	（1）汽车海报背景。 （2）汽车元素。 （3）水花喷溅。 （4）文字纹理。
应用软件	Photoshop 2020
素材	素材\Cha04\汽车素材01.jpg、汽车素材02.png～汽车素材09.png
场景	场景\Cha04\4.1　汽车海报设计.psd
视频	视频教学\Cha04\4.1.1　汽车背景设计.mp4 视频教学\Cha04\4.1.2　对汽车元素进行调色.mp4 视频教学\Cha04\4.1.3　汽车标题设计.mp4 视频教学\Cha04\4.1.4　添加汽车销售信息.mp4
汽车海报效果欣赏	图 4-1

4.1.1 汽车背景设计

下面将讲解如何制作汽车的背景部分，包括置入准备好的素材文件，对文件添加图层蒙版进行修饰，添加【曲线】效果调整其亮度，具体操作步骤如下。

01 按 Ctrl+N 组合键，弹出【新建文档】对话框，将【宽度】、【高度】分别设置为1500像素、938像素，将【分辨率】设置为200像素/英寸，将【颜色模式】设置为【CMYK颜色】，将【背景内容】设置为白色，单击【创建】按钮。在菜单栏中选择【文件】|【置入嵌入对象】命令，

在弹出的对话框中选择【素材 \Cha04\ 汽车素材 01.jpg】素材文件，单击【置入】按钮，在工作区中调整其位置，如图 4-2 所示。

图 4-2

02 在菜单栏中选择【文件】|【置入嵌入对象】命令，在弹出的对话框中选择【素材 \Cha04\汽车素材 02.png】素材文件，单击【置入】按钮，适当调整对象的大小及位置，效果如图 4-3 所示。

图 4-3

03 将【汽车素材 01】图层隐藏，选择【汽车素材 02】图层，在【图层】面板中单击【添加图层蒙版】按钮 ▢，将【前景色】设置为黑色。在工具箱中单击【画笔工具】 ✐，在工具选项栏中将【画笔类型】设置为柔边缘，将【大小】设置为 88，将【不透明度】设置为 100%，对【汽车素材 02】多余的部分进行涂抹，效果如图 4-4 所示。

04 置入【汽车素材 03.png】素材文件，适当调整对象的大小及位置，为了方便观察，将【汽车素材 02】图层隐藏，如图 4-5 所示。

图 4-4

图 4-5

05 为【汽车素材 03】图层添加图层蒙版，使用【画笔工具】对素材多余的部分进行涂抹，效果如图 4-6 所示。

图 4-6

06 显示【汽车素材 01】、【汽车素材 02】、【汽车素材 03】图层，观察汽车背景效果，如图 4-7 所示。

图 4-7

知识链接：编辑蒙版

（1）应用或停用蒙版

按住 Shift 键的同时单击蒙版缩览图，即可停用蒙版，同时蒙版缩览图中会显示红色叉号，表示此蒙版已经停用，图像随即还原成原始效果，如图 4-8 所示。如果需要启用蒙版，再次按住键盘上 Shift 键的同时单击蒙版缩览图即可。

（2）删除蒙版

选择蒙版后，在蒙版缩览图中单击鼠标右键，在弹出的快捷菜单中选择【删除图层蒙版】命令，如图 4-9 所示，即可将蒙版删除；还可以选择蒙版缩览图，然后单击【图层】面板下方的【删除图层】按钮删除蒙版。

图 4-8　　　　　　　　　　　　　　　　　图 4-9

07 选择【汽车素材 01】、【汽车素材 02】、【汽车素材 03】图层，按住鼠标左键将其拖曳至【创建新组】按钮 ▢ 上，将组名称更改为【汽车背景组】。选择【汽车背景组】，在【图层】面板中单击【创建新的填充或调整图层】按钮 ◉，在弹出的快捷菜单中选择【曲线】命令，如图 4-10 所示。

08 在【属性】面板中添加一个曲线点，将【输入】、【输出】设置为 62、41，如图 4-11 所示。

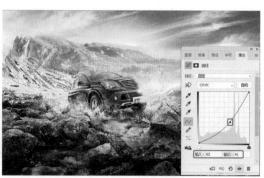

图 4-10　　　　　　　　　　　　　　　　图 4-11

09 将【曲线 1】图层调整至【汽车素材 03】
图层上方，在菜单栏中选择【文件】|【置入
嵌入对象】命令，在弹出的对话框中选择【素
材 \Cha04\ 汽车素材 04.png】素材文件，单击
【置入】按钮，适当调整对象的大小及位置，
将图层调整至【曲线 1】图层上方，如图 4-12
所示。

图 4-12

4.1.2 对汽车元素进行调色

下面将讲解如何对汽车元素进行调色，即
通过【色相/饱和度】和【可选颜色】命令将
蓝色轿车调整为红色轿车，具体操作步骤如下。

01 在菜单栏中选择【文件】|【置入嵌入对象】
命令，在弹出的对话框中选择【素材 \Cha04\ 汽
车素材 05.png】素材文件，单击【置入】按钮，
适当调整对象的大小及位置，将图层调整至
【汽车背景组】上方，如图 4-13 所示。

图 4-13

02 在菜单栏中选择【图像】|【调整】|【色
相/饱和度】命令，弹出【色相/饱和度】对
话框，将【色相】、【饱和度】、【明度】
分别设置为 +125、6、0，如图 4-14 所示。

图 4-14

提示：除了上述操作外，还可以按
Ctrl+U 组合键打开【色相/饱和度】对话框。

03 单击【确定】按钮，观察汽车调色后的
效果，如图 4-15 所示。

图 4-15

04 继续选中置入的素材，在菜单栏中选择
【图像】|【调整】|【可选颜色】命令，弹出【可
选颜色】对话框，将【青色】、【洋红】、【黄色】、
【黑色】分别设置为 -62%、+17%、+5%、0%，
如图 4-16 所示。

图 4-16

知识链接：【色相/饱和度】对话框选项参数介绍

【色相/饱和度】对话框中各选项的介绍如下。

◎ 【色相】：默认情况下，在【色相】文本框中输入数值，或者拖动下方滑块可以改变整个图像的色相，如图4-17所示。也可以在【编辑选项】下拉列表中选择一个特定的颜色，然后拖动色相滑块，单独调整该颜色的色相，如图4-18所示为单独调整青色色相的效果。

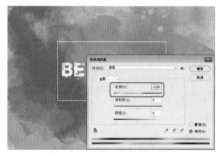

图 4-17   图 4-18

◎ 【饱和度】：向右侧拖动饱和度滑块可以增加饱和度，向左侧拖动滑块则减少饱和度。同样也可以在【编辑选项】下拉列表中选择一个特定的颜色，然后单独调整该颜色的饱和度。如图4-19所示为增加整个图像饱和度的调整结果，如图4-20所示为单独调整青色饱和度的结果。

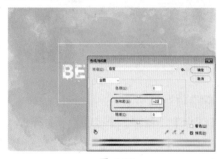

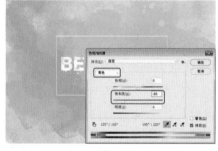

图 4-19   图 4-20

◎ 【明度】：向左侧拖动滑块可以降低亮度，如图4-21所示；向右侧拖动滑块可以增加亮度，如图4-22所示。可在【编辑选项】下拉列表中选择【青色】，调整图像中青色部分的亮度。

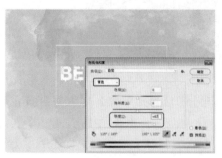

图 4-21   图 4-22

◎ 【着色】：勾选该复选框，图像将转换为只有一种颜色的单色调图像，如图 4-23 所示。变为单色调图像后，可拖动各滑块来调整图像的颜色，如图 4-24 所示。

图 4-23

图 4-24

◎ 【吸管工具】：如果在【编辑选项】下拉列表中选择了一种颜色，可以使用【吸管工具】 🖊 在图像中单击，定位颜色范围，然后对该范围内的颜色进行更加细致的调整。如果要添加其他颜色，可以用【添加到取样】工具 🖊 在相应的颜色区域单击；如果要减少颜色，可以用【从取样中减去】工具 🖊 单击相应的颜色。

05 单击【确定】按钮，调色后的汽车效果如图 4-25 所示。

图 4-25

06 在菜单栏中选择【文件】|【置入嵌入对象】命令，在弹出的对话框中选择【素材\Cha04\汽车素材 06.png】素材文件，单击【置入】按钮，适当调整对象的大小及位置，如图 4-26 所示。

图 4-26

07 继续选中置入的素材文件，在【图层】面板中将【混合模式】设置为【滤色】，水花喷溅效果如图 4-27 所示。

图 4-27

08 在菜单栏中选择【文件】|【置入嵌入对象】命令，在弹出的对话框中选择【素材\Cha04\汽车素材 07.png】素材文件，单击【置入】按钮，适当调整对象的大小及位置，如图 4-28 所示。

图 4-28

4.1.3 汽车标题设计

下面将讲解如何制作汽车标题，包括使用【横排文字工具】输入文本，将对象转换为形状，对文本的路径进行调整，置入文字的纹理，调整对象的位置并创建剪贴蒙版，其具体操作步骤如下。

`01` 在工具箱中单击【横排文字工具】 T.，输入文本【拓路前行】，在【字符】面板中将【字体】设置为【汉仪菱心体简】，将【字体大小】设置为50点，将【字符间距】设置为0，将【颜色】设置为#d80c18，如图4-29所示。

图 4-29

`02` 在文本上右击鼠标，在弹出的快捷菜单中选择【转换为形状】命令。按Ctrl+T组合键，在文本上右击鼠标，在弹出的快捷菜单中选择【斜切】命令，如图4-30所示。

图 4-30

`03` 对文本进行水平斜切调整，效果如图4-31所示。

`04` 对文本进行垂直缩放，调整完成后按Enter键确认调整。使用同样的方法输入【领跑未来】文本，将文本转换为形状，对文本

进行水平斜切调整，效果如图4-32所示。

图 4-31

图 4-32

`05` 使用【钢笔工具】绘制图形，将【填充】设置为#d80c18，将【描边】设置为无。选择【领跑未来】图层，在工具箱中单击【直接选择工具】 ▷.，将【未来】文本多余的线段删除，如图4-33所示。

图 4-33

`06` 使用【钢笔工具】绘制如图4-34所示的图形，将【填充】设置为#030000，将【描边】设置为无。

图 4-34

07 在【图层】面板中选择如图 4-35 所示的图层，按 Ctrl+T 组合键对其进行适当旋转，调整对象的角度。

图 4-35

08 在工具箱中单击【横排文字工具】 T，输入文本【全面升级 为你定制】，在【字符】面板中将【字体】设置为【汉仪菱心体简】，将【字体大小】设置为 16 点，将【字符间距】设置为-40，将【颜色】设置为#1f1a19，单击【仿粗体】按钮 T，如图 4-36 所示。

图 4-36

09 在【属性】面板中将【旋转】设置为-10.20°，旋转文字后调整对象的位置，效果如图 4-37 所示。

图 4-37

10 选中文本对象，按 Ctrl+T 组合键，右击鼠标，在弹出的快捷菜单中选择【斜切】命令，适当调整对象水平斜切的方向。使用【钢笔工具】绘制图形，将【填充】设置为#030000，将【描边】设置为无，效果如图 4-38 所示。

图 4-38

知识链接：橡皮带

当选择【钢笔工具】 ⌀后，在工具选项栏中单击【设置其他钢笔和路径选项】按钮 ⚙，在弹出的下拉列表中勾选【橡皮带】复选框，如图 4-39 所示，则可在绘制时直观地看到下一节点之前的轨迹，如图 4-40 所示。

图 4-39

图 4-40

11 双击【拓路前行】文本图层，弹出【图层样式】对话框，勾选【斜面和浮雕】复选框，将【样式】设置为【浮雕效果】，将【方法】设置为【平滑】，将【深度】设置为337%，将【方向】设置为【上】，将【大小】、【软化】都设置为0像素，将【角度】、【高度】设置为120度、30度，将【高光模式】设置为【滤色】，将【颜色】设置为#030000，将【阴影模式】设置为【正片叠底】，将【不透明度】设置为50%，单击【确定】按钮，如图4-41所示。

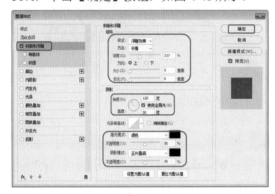

图 4-41

12 在【拓路前行】文本图层上右击鼠标，在弹出的快捷菜单中选择【拷贝图层样式】命令。选择【形状1】图层，右击鼠标，在弹出的快捷菜单中选择【粘贴图层样式】命令，如图4-42所示。

图 4-42

13 双击【领跑未来】文本图层，参照如图4-43所示的参数进行设置。

14 勾选【投影】复选框，将【混合模式】设置为【正片叠底】，将【阴影颜色】设置为黑色，将【不透明度】设置为75%，取消勾选【使

用全局光】复选框，将【角度】设置为120度，将【距离】、【扩展】、【大小】分别设置为1像素、0%、1像素，如图4-44所示。

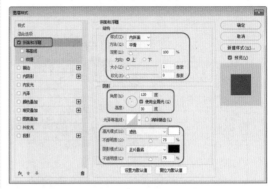

图 4-43

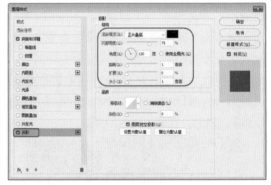

图 4-44

15 单击【确定】按钮，置入【素材\Cha04\汽车素材08.png】素材文件，将图层调整至【领跑未来】图层上方，适当调整素材的位置，右击鼠标，在弹出的快捷菜单中选择【创建剪贴蒙版】命令，将【汽车素材08】图层复制两次，分别调整至【形状1】、【形状2】图层上方，适当调整素材的位置并创建剪贴蒙版，效果如图4-45所示。

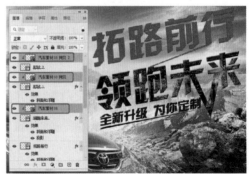

图 4-45

16 置入【素材 \Cha04\ 汽车素材 09.png】素材文件，并调整至【拓路前行】图层上方，调整素材文件的位置，创建剪贴蒙版，效果如图 4-46 所示。

图 4-46

■ 4.1.4　添加汽车销售信息

使用【矩形工具】和【直线工具】绘制汽车销售表格，使用【横排文字工具】输入汽车销售信息，其具体操作步骤如下。

01 在工具箱中单击【矩形工具】，在工作区中绘制一个矩形，在【属性】面板中将【W】、【H】分别设置为 600 像素、52 像素，将【填充】设置为无，将【描边】设置为白色，将【描边宽度】设置为 2 像素，并在工作区中调整其位置，效果如图 4-47 所示。

图 4-47

02 在工具箱中单击【直线工具】，在工具选项栏中将【工具模式】设置为【形状】，绘制垂直线段。将【填充】设置为无，将【描边】设置为白色，将【描边宽度】设置为 2 像素，如图 4-48 所示。

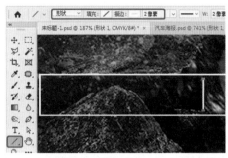

图 4-48

知识链接：【属性】面板

创建形状图层或路径后，可以通过【属性】面板调整图形的大小、位置、填色和描边属性。

◎ W/H：可以设置图形的宽度（W）和高度（H）。如果要进行等比缩放，可单击 GO 按钮。

◎ X/Y：可以设置图形的水平（X）位置和垂直（Y）位置。

◎ 填充颜色 / 描边颜色：可以设置填充和描边颜色。

◎ 描边宽度 / 描边样式：可以设置描边宽度，选择用实线、虚线和圆点来描边。

◎ 描边选项：单击 按钮，可在打开的下拉列表中设置描边与路径的对齐方式，包括内部、居中和外部。单击 按钮，可以设置描边的端点样式，包括端面、圆形和方形。单击 按钮，可以设置路径转角处的转折样式，包括斜接、圆形和斜面。

◎ 修改角半径：创建矩形或圆角矩形后，可以调整角半径；如果要分别调整角半径，可单击 GO 按钮，然后在下面的文本框中输入值，或者将光标放在角图标上，按住鼠标左键并向左或向右拖曳。

◎ 路径运算按钮：可以对两个或更多的形状和路径进行运算。

03 在工具箱中单击【横排文字工具】，输入文本，在【字符】面板中将【字体】设置为【微软雅黑】，将【字体系列】设置为【Bold】，将【字体大小】设置为25点，将【字符间距】设置为80，将【垂直缩放】、【水平缩放】均设置为49%，将【颜色】设置为#f8f0f0，如图4-49所示。

图 4-49

04 在工具箱中单击【横排文字工具】，输入文本，将【字体】设置为【微软雅黑】，将【字体大小】设置为5点，将【字符间距】设置为0，将【颜色】设置为白色，如图4-50所示。

图 4-50

05 在工具箱中单击【横排文字工具】，输入文本，将【字体】设置为【汉真广标】，将【字体大小】设置为10点，将【字符间距】设置为-95，将【颜色】设置为白色，单击【仿斜体】

按钮 T，如图4-51所示。

图 4-51

06 在工具箱中单击【横排文字工具】，输入文本，在【字符】面板中将【字体】设置为【微软雅黑】，将【字体系列】设置为【Bold】，将【字体大小】设置为5点，将【字符间距】设置为0，将【颜色】设置为白色，如图4-52所示。

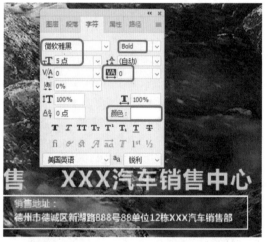

图 4-52

LESSON 4.2 公益海报设计

为了更好地完成本设计案例，现对制作要求及设计内容做如下规划，公益海报效果如图4-53所示。

作品名称	公益海报
作品尺寸	1500px×2032px
设计创意	海报同广告一样，它能向群众介绍某一物体、事件的特性，所以又是一种广告。海报是极为常见的一种招贴形式，其语言要求简明扼要，形式要做到新颖美观。
主要元素	（1）公益海报背景。 （2）装饰元素。 （3）针管元素。 （4）文字纹理元素。
应用软件	Photoshop 2020
素材	素材 \Cha04\ 公益素材 01.jpg、公益素材 02.jpg、公益素材 03.png~ 公益素材 08.png
场景	场景 \Cha04\4.2　公益海报设计 .psd
视频	视频教学 \Cha04\4.2.1　公益海报背景设计 .mp4 视频教学 \Cha04\4.2.2　公益海报文案设计 .mp4
公益海报效果欣赏	 图 4-53

■ 4.2.1　公益海报背景设计

下面将讲解如何制作公益海报背景，包括置入准备好的素材文件，设置对象的图层混合模式以及不透明度，最终完成公益海报背景的制作，其具体操作步骤如下。

01 按 Ctrl+N 组合键，弹出【新建文档】对话框，将【宽度】、【高度】设置为 1500 像素、2032 像素，将【分辨率】设置为 150 像素 / 英寸，将【颜色模式】设置为【RGB 颜色】，将【背

景内容】设置为白色，单击【创建】按钮。在菜单栏中选择【文件】|【置入嵌入对象】命令，在弹出的对话框中选择【素材\Cha04\公益素材01.jpg】素材文件，单击【置入】按钮，在工作区中调整其位置，如图4-54所示。

图 4-54

02 置入【素材\Cha04\公益素材02.jpg】素材文件，适当调整对象的位置，在【图层】面板中将【混合模式】设置为【点光】，将【不透明度】设置为45%，如图4-55所示。

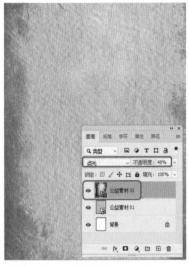

图 4-55

03 置入【素材\Cha04\公益素材03.png】素材文件，适当调整对象的位置，按Ctrl+J组

合键复制图层，如图4-56所示。

图 4-56

04 置入【素材\Cha04\公益素材04.png】素材文件，适当调整对象的位置。按Ctrl+J组合键复制图层，将【公益素材04拷贝】图层的【混合模式】设置为【柔光】，如图4-57所示。

图 4-57

05 置入【素材\Cha04\公益素材05.png】素材文件，适当调整对象的位置。选择【公益素材05拷贝】图层，在菜单栏中选择【滤镜】|【杂色】|【添加杂色】命令，如图4-58所示。

06 弹出【添加杂色】对话框，将【数量】设置为40%，如图4-59所示。

图 4-58

图 4-59

07 单击【确定】按钮。确认选中【公益素材 05 拷贝】图层，在【图层】面板中将【混合模式】设置为【正片叠底】，将【不透明度】设置为 73%，如图 4-60 所示。

图 4-60

08 在工具箱中单击【矩形工具】□，在工作区中绘制一个矩形，在【属性】面板中将【W】、【H】设置为 1410 像素、1989 像素，将【填充】设置为无，将【描边】设置为 #191919，将【描边宽度】设置为 5 像素，如图 4-61 所示。

图 4-61

09 在工具箱中单击【椭圆工具】○，绘制【W】、【H】均为 390 像素的正圆，在【属性】面板中将【填充】设置为无，将【描边】设置为 #221815，将【描边宽度】设置为 40 像素，如图 4-62 所示。

图 4-62

10 在工具箱中单击【矩形工具】□，在工具选项栏中将【工具模式】设置为【形状】，在工作区中绘制一个矩形，在【属性】面板

中将【W】和【H】设置为380像素、43像
素，将【填充】设置为无，将【描边】设置
为#221815，将【描边宽度】设置为40像素，
如图4-63所示。

图 4-63

知识链接：描边选项

　　【描边】右侧的选项用于调整描边宽度，如图4-64和图4-65所示。单击【描边类型】
右侧的下三角按钮 ，打开下拉面板，可以设置描边选项，如图4-66所示。

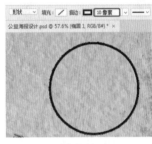
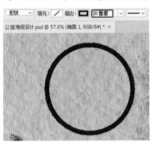
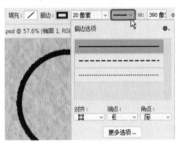

图 4-64　　　　　　　　图 4-65　　　　　　　　图 4-66

◎ 描边样式：可以选择用实线、虚线和圆点来描边路径，如图4-67所示。

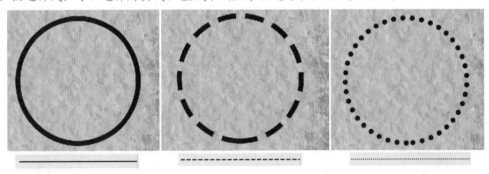

图 4-67

◎ 对齐：单击下拉按钮，可在打开的下拉列表中选择描边与路径的对齐方式，包括内部
　　▣、居中▣和外部▢。

◎ 端点：单击下拉按钮，打开下拉列表，可以选择路径端点的样式，包括端面▣、圆形
　　▣和方形▣，效果如图4-68所示。

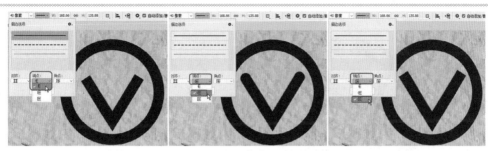

图 4-68

◎ 角点：单击下拉按钮，可以在打开的下拉列表中选择路径转角处的转折样式，包括斜
接 ![斜接图标]、圆形 ![圆形图标] 和斜面 ![斜面图标]，效果如图 4-69 所示。

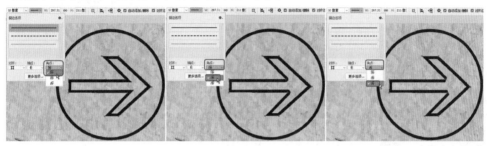

图 4-69

◎ 更多选项：单击该按钮，可以打开【描边】对话框，
其中除包含前面的选项外，还可以调整虚线的间
距，如图 4-70 所示。

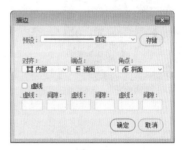

图 4-70

11 选中绘制的矩形，按 Ctrl+T 组合键，在工具选项栏
中将【旋转】设置为 45 度，如图 4-71 所示。

12 在工具箱中单击【横排文字工具】，输入文本【毒】。
选中输入的文本，在【字符】面板中将【字体】设置为
【方正粗圆简体】，将【字体大小】设置为 115 点，将【字
符间距】设置为 10，将【颜色】设置为 #141513，如图 4-72
所示。

13 置入【素材 \Cha04\ 公益素材 06.png】素材文件，适
当调整对象的位置，如图 4-73 所示。

14 将【矩形 2】图层调整至【公益素材 06】图层的上方，
效果如图 4-74 所示。

图 4-71

图 4-72

图 4-73

图 4-74

15 选择如图 4-75 所示的图层，按住鼠标左键将其拖曳至【创建新组】按钮 ▢ 上，将图层编组。选择【组 1】，将【图层】面板中的【不透明度】设置为 20%。

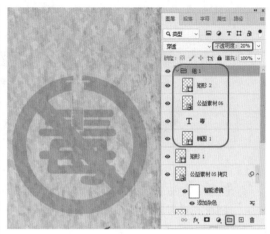

图 4-75

4.2.2 公益海报文案设计

使用【横排文字工具】输入公益海报的文案，置入文字的纹理背景，创建剪贴蒙版，最终完成文案制作。

01 在工具箱中单击【横排文字工具】 T，在工作区中输入文本【世界禁毒日】。选中输入的文本，在【字符】面板中将【字体】设置为【微软雅黑】，【字体系列】设置为【Bold】，【字体大小】设置为 180 点，【行距】设置为 160 点，【字符间距】设置为 0，【垂直缩放】设置为89%，【颜色】设置为 #141614，按 Ctrl+T 组合键选中文字，按住 Shift 键水平调整文字，调整完成后，按 Enter 键确认，如图 4-76 所示。

图 4-76

02 置入【素材\Cha04\ 公益素材 07.png】、【公益素材 08.png】素材文件，适当调整素材文件的位置，效果如图 4-77 所示。

图 4-77

03 在【图层】面板中选择【公益素材 07】、【公益素材 08】图层，如图 4-78 所示。右击鼠标，在弹出的快捷菜单中选择【创建剪贴蒙版】命令。

图 4-78

04 在工具箱中单击【横排文字工具】，两次输入文本【2020 06.26】，将【字体】设置为【Impact】，将【字体大小】设置为 60 点，

将【字符间距】设置为 0，将【颜色】设置为 #2e2f2f，如图 4-79 所示。

图 4-79

提示：除了可以通过选择【创建剪贴蒙版】命令创建剪贴蒙版外，在【图层】面板中要创建剪贴蒙版的两个图层中间按住 Alt 键单击鼠标，同样能创建剪贴蒙版。

05 在工具箱中单击【矩形工具】 □，绘制图形，设置【W】、【H】为 34 像素、43 像素，将【填充】设置为 #2e2f2f，将【描边】设置为无，如图 4-80 所示。

图 4-80

06 在工具箱中单击【横排文字工具】 T.，
在工作区中输入字符【·】。选中输入的字符，
在【字符】面板中将【字体】设置为【微软
雅黑】，将【字体大小】设置为 12 点，将
【字符间距】设置为 3000，将【颜色】设置
为 #2e2f2f，单击【仿粗体】按钮 T，如图 4-81
所示。

图 4-81

知识链接：填充与描边图形

选择【形状】选项后，可单击【填充】和【描边】选项，在打开的下拉面板中选择用纯色、
渐变或图案对图形进行填充和描边，如图 4-82 所示。图 4-83 所示为采用不同内容对图形
进行填充的效果。如果要自定义填充颜色，可以单击 ■ 按钮，打开【拾色器】进行调整。

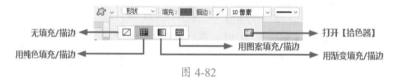

图 4-82

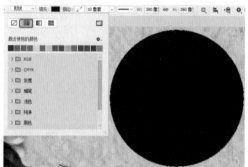

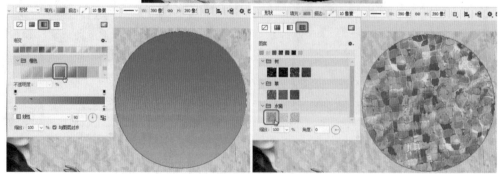

图 4-83

在【描边】选项组中，也可以用纯色、渐变或图案为图形描边。

07 在工具箱中单击【横排文字工具】 T，在工作区中输入文本。选中输入的文本，在【字符】面板中将【字体】设置为【微软雅黑】，将【字体大小】设置为 31 点，将【字符间距】设置为 0，将【颜色】设置为 #2e2f2f，单击【仿粗体】按钮 T，如图 4-84 所示。

图 4-84

08 使用【横排文字工具】输入文本，将【字体】设置为【方正黑体简体】，将【字体大小】设置为 15 点，将【字符间距】设置为 0，将【颜色】设置为 # 2e2f2f，单击【段落】组中的【居中对齐文本】按钮 ，如图 4-85 所示。

图 4-85

09 选择如图 4-86 所示的文本，在【字符】面板中单击【仿粗体】按钮 T。

图 4-86

LESSON
课后项目
练习

假日酒店海报设计

某公司投资开发了一家假日酒店，现已施工完成，需要设计一款简洁的假日酒店海报，要求海报色彩明亮，能吸引顾客眼光，体现出酒店一系列的风格，具有一定的宣传性。

1. 课后项目练习效果展示

效果如图 4-87 所示。

图 4-87

2. 课后项目练习过程概要

（1）制作出假日酒店海报的背景部分，置入假日酒店和纹理部分，设置纹理的不透明度，通过【椭圆工具】绘制装饰部分并调整对象的不透明度。

（2）使用【横排文字工具】输入酒店信息，使用【钢笔工具】绘制其他元素。

（3）使用【椭圆工具】绘制圆形，为了更加立体化，为【椭圆工具】添加【描边】和【投影】选项，置入其他风格的酒店素材并创建剪贴蒙版，最终完成假日酒店海报的制作。

素材	素材 \Cha04\ 酒店素材 01.jpg、酒店素材 02.jpg、酒店素材 03.png、酒店素材 04.jpg~ 酒店素材 07.jpg
场景	场景 \Cha04\ 假日酒店海报设计 .psd
视频	视频教学 \Cha04\ 假日酒店海报设计 .mp4

<u>01</u> 按 Ctrl+N 组合键，弹出【新建文档】对话框，将【宽度】、【高度】设置为 1772 像素、2657 像素，将【分辨率】设置为 150 像素 / 英寸，将【颜色模式】设置为【RGB 颜色】，将【背景内容】设置为白色，单击【创建】按钮。在菜单栏中选择【文件】|【置入嵌入对象】命令，在弹出的对话框中选择【素材\Cha04\酒店素材01.jpg】素材文件，单击【置入】按钮，调整其大小及位置，效果如图 4-88 所示。

图 4-88

<u>02</u> 在工具箱中单击【钢笔工具】，绘制如图 4-89 所示的图形。为了方便观察，将

【填充】设置为黄色，将【描边】设置为无。

图 4-89

<u>03</u> 置入【素材 \Cha04\ 酒店素材 02.jpg】素材文件，适当调整对象的大小及位置，效果如图 4-90 所示。

图 4-90

<u>04</u> 在【酒店素材 02】图层上右击鼠标，在弹出的快捷菜单中选择【创建剪贴蒙版】命令，将【不透明度】设置为 50%，将【形状 1】的填充色更改为白色，如图 4-91 所示。

图 4-91

05 置入【素材 \Cha04\ 酒店素材 03.png】素材文件，适当调整对象的大小及位置，效果如图 4-92 所示。

图 4-92

06 在工具箱中单击【横排文字工具】 T.，输入文本。选中输入的文本，在【字符】面板中将【字体】设置为【方正兰亭中黑_GBK】，将【字体大小】设置为 88 点，将【字符间距】设置为 20，将【颜色】设置为 #0283da，如图 4-93 所示。

图 4-93

07 在工具箱中单击【钢笔工具】 ，绘制如图 4-94 所示的图形，将【填充】设置为 # 0283da，将【描边】设置为无。

08 在工具箱中单击【横排文字工具】 T.，输入文本。选中输入的文本，在【字符】面板中将【字体】设置为【创艺简老宋】，将

【字体大小】设置为 15 点，将【字符间距】设置为 40，将【颜色】设置为黑色，如图 4-95 所示。

图 4-94

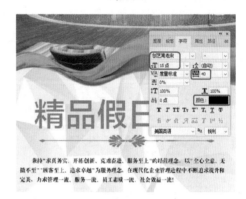

图 4-95

知识链接：绘图模式概述

选择一个矢量工具后，需要先在工具选项栏中选择相应的绘制模式，然后进行绘图操作。绘图模式有 3 种，即形状、路径和像素。

（1）使用【形状】模式绘制出的是形状图层，其内部可用纯色、渐变和图案填充，并且可以修改填充内容。形状图层同时出现在【图层】面板和【路径】面板中，如图 4-96 所示。

（2）使用【路径】模式绘制出的是路径轮廓，可以转换为选区和矢量蒙版。路径只保存在【路径】面板中，【图层】面板没有它的位置，如图 4-97 所示。

图 4-96   图 4-97

（3）使用【像素】模式，可以在当前图层中绘制出用前景色填充的图像，如图 4-98 所示。在工作区中，图像与使用形状图层创建的图形完全相同，但并不具备矢量轮廓，因此，该模式是一种快捷方式，它将绘图和填色操作合二为一了。

图 4-98

09 在工具箱中单击【椭圆工具】 ◯，绘制【W】、【H】均为 268 像素的圆形，将【填充】设置为黑色，将【描边】设置为无，如图 4-99 所示。

图 4-99

10 双击【椭圆 1】图层，弹出【图层样式】对话框，勾选【描边】复选框，将【大小】设置为 10 像素，将【位置】设置为【外部】，将【混合模式】设置为【正常】，将【不透明度】设置为 100%，将【填充类型】设置为【颜色】，将【颜色】设置为白色，如图 4-100 所示。

11 勾选【投影】复选框，将【混合模式】设置为【正片叠底】，将【阴影颜色】设置为 ##4e4e4e，将【不透明度】设置为 75%，勾选【使用全局光】复选框，将【角度】设置为 90 度，将【距离】、【扩展】、【大小】分别设置为 18 像素、0%、7 像素，如图 4-101 所示。

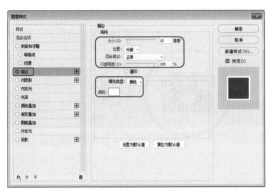

图 4-100

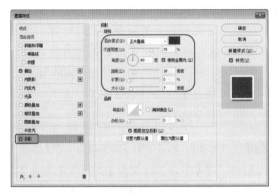

图 4-101

12 单击【确定】按钮。置入【素材 \Cha04\ 酒店素材 04.jpg】素材文件，适当调整对象的大小及位置。在素材上右击鼠标，在弹出的快捷菜单中选择【创建剪贴蒙版】命令，如图 4-102 所示。

图 4-102

13 在工具箱中单击【横排文字工具】 T，输入文本。选中输入的文本，在【字符】面板中将【字体】设置为【方正兰亭中黑 _GBK】，将【字体大小】设置为 19.7 点，将

【字符间距】设置为 -60，将【颜色】设置为 #333335，如图 4-103 所示。

图 4-103

14 使用同样的方法制作如图 4-104 所示的内容。

图 4-104

15 使用【椭圆工具】绘制两个 154 像素 ×154 像素和一个 495 像素 ×495 像素的圆形，选择绘制的三个圆形，将【填充】设置为 #0283da，将【描边】设置为无。将【图层】面板中的【不透明度】设置为 19%，如图 4-105 所示。

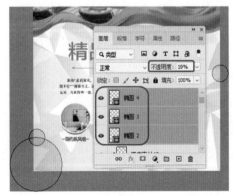

图 4-105

16 使用【椭圆工具】绘制【W】、【H】均为120像素的正圆，将【填充】设置为无，将【描边】设置为黑色，将【描边宽度】设置为4像素，如图4-106所示。

图 4-106

17 使用【钢笔工具】绘制电话图标，将【填充】设置为黑色，将【描边】设置为无，栅格化【形状3】图层。在工具箱中单击【矩形选框工具】，绘制矩形，按Delete键将多余部分删除，如图4-107所示。

图 4-107

18 在工具箱中单击【椭圆选区工具】，绘制圆形，按Delete键将多余部分删除，如图4-108所示。

图 4-108

提示：在绘制椭圆选区时，按住Shift键的同时拖动鼠标可以创建圆形选区；按住Alt键的同时拖动鼠标会以光标所在位置为中心创建选区；按住Alt+Shift组合键同时拖动鼠标会以光标所在位置点为中心绘制圆形选区。

19 使用【横排文字工具】输入文本，在【字符】面板中，将【字体】设置为【方正粗圆简体】，将【字体大小】设置为30点，将【字符间距】设置为50，将【颜色】设置为黑色，如图4-109所示。

图 4-109

第 05 章

户外广告设计

本章导读：

  广告设计是一种职业，是基于计算机平面设计技术应用，随着广告行业发展所形成的一个新职业。所谓广告设计，是指从创意到制作的这个中间过程。广告设计是广告的主题、创意、语言文字、形象、衬托五个要素构成的组合。广告设计的最终目的就是通过广告来吸引眼球。

  平面广告设计在创作上要求表现手段浓缩化和具有象征性。一幅优秀的平面广告设计，具有充满时代意识的新奇感，并具有设计上独特的表现手法和感情。广告设计得优秀与否对广告视觉信息传达的准确性起着关键的作用，是广告活动中不可缺少的重要环节，是广告策划的深化和视觉化表现。广告的终极目的在于追求广告效果，而广告效果的优劣关键在于广告设计的成败。现代广告设计的任务是根据企业营销目标和广告战略的要求，通过引人入胜的艺术表现，清晰准确地传递商品或服务的信息，树立有助于销售的品牌形象与企业形象。

制作护肤品户外广告

为了更好地完成本设计案例，现对制作要求及设计内容做如下规划，效果如图 5-1 所示。

作品名称	制作护肤品户外广告
作品尺寸	1000px×530px
设计创意	（1）为文档绘制背景效果并添加素材文件。 （2）添加艺术字，通过对文字内容的排版设计，使画面干净整洁并富有设计感。 （3）为素材文件添加投影效果。
主要元素	（1）护肤品背景。 （2）艺术字。
应用软件	Photoshop 2020
素材	素材 \Cha05\ 护肤品素材 01.png、护肤品素材 02.png、护肤品素材 03.png、护肤品素材 04.png、护肤品素材 05.png、护肤品素材 06.png、护肤品素材 07.png、护肤品素材 08.png
场景	场景 \Cha05\5.1　制作护肤品户外广告 .psd
视频	视频教学 \Cha05\5.1.1　制作护肤品广告背景效果 .mp4 视频教学 \Cha05\5.1.2　制作护肤品广告内容区域效果 .mp4
护肤品户外广告效果欣赏	 图 5-1

5.1.1　制作护肤品广告背景效果

下面通过【矩形工具】和【文字工具】制作出背景部分，然后通过导入素材文件完善效果。

01 按 Ctrl+N 组合键，在弹出的对话框中将【宽度】、【高度】分别设置为 1000 像素、530 像素，将【分辨率】设置为 72 像素 / 英寸，将【颜色模式】设置为【RGB 颜色】，将背景颜色设置为白色，设置完成后，单击【创建】按钮。在工具箱中单击【矩形工具】 ，在工作区中绘制一个与文档大小相同的矩形，选中绘制的矩形，将【X】、【Y】都设置为 0 像素，将【填充】设置为 #bbe4f9，将【描边】设置为无，如图 5-2 所示。

02 在工具箱中单击【钢笔工具】 ，在工具选项栏中将【填充】设置为 #ffd3dd，将【描边】设置为无，在工作区中绘制一个图形，如图 5-3 所示。

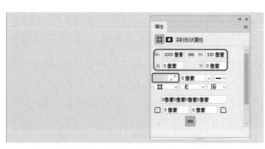

图 5-2

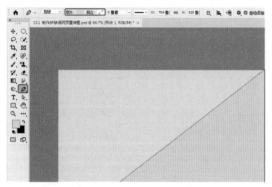

图 5-3

03 按 Ctrl+O 组合键，弹出【打开】对话框，选择【素材 \Cha05\ 护肤品素材 01.png】素材文件，单击【打开】按钮。在工具箱中单击【移动工具】➕，按住鼠标左键将素材文件拖曳至前面所创建的文档中，选中素材按住 Alt 键进行复制，并调整复制后素材的位置，如图 5-4 所示。

图 5-4

04 使用同样的方法将【素材 \Cha05\ 护肤品素材 02.png】素材文件拖曳至文档中，并调整素材位置，如图 5-5 所示。

05 在【图层】面板中双击【图层 2】图层，弹出【图层样式】对话框，勾选【投影】复选框，将【混合模式】设置为【正片叠底】，将【阴影颜色】设置为 #7ba9c6，将【不透明度】设

置为 66%，将【角度】设置为 99 度，勾选【使用全局光】复选框，将【距离】、【扩展】、【大小】分别设置为 9 像素、11%、13 像素，如图 5-6 所示。

图 5-5

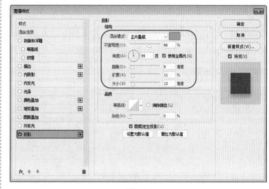

图 5-6

06 设置完成后，单击【确定】按钮，在工具箱中单击【矩形工具】▢，在【属性】面板中将【W】、【H】分别设置为 529 像素、221 像素，将【X】、【Y】分别设置为 68 像素、100 像素，将【填充】设置为 #ffffff，将【描边】设置为无，如图 5-7 所示。

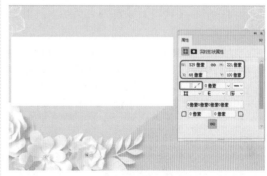

图 5-7

07 在【图层】面板中选择【矩形 2】图层，将【不透明度】设置为 70%，如图 5-8 所示。

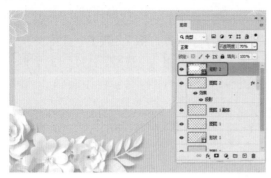

图 5-8

08 在工具箱中单击【矩形工具】 □ ，在工作区中绘制一个矩形，在【属性】面板中将【W】、【H】分别设置为507像素、202像素，将【X】、【Y】分别设置为77像素、107像素，将【填充】设置为无，将【描边】设置为 #80c1df，将【描边粗细】设置为1像素，如图5-9所示。

图 5-9

09 根据前面介绍的方法将【护肤品素材03.png】素材文件添加至文档中，调整该素材文件的大小与位置，按Ctrl+T组合键，在工具选项栏中将【旋转】设置为-25度，效果如图5-10所示。

图 5-10

10 按Enter键完成变换。在工具箱中单击【矩形工具】 □ ，在工作区中绘制一个矩形，在【属性】面板中将【W】、【H】分别设置为110像素、111像素，将【X】、【Y】分别设置为105像素、131像素，将【填充】设置为无，将【描边】设置为 #309ace，将【描边粗细】设置为2像素，如图5-11所示。

图 5-11

11 在工具箱中单击【直线工具】 ╱ ，在工作区中绘制一条水平直线，在工具选项栏中将【填充】设置为无，将【描边】设置为 #309ace，将【描边粗细】设置为1像素，单击【描边类型】右侧的下三角按钮，在弹出的下拉列表中单击【更多选项】按钮，在弹出的对话框中勾选【虚线】复选框，将【虚线】、【间隙】分别设置为3、10，如图5-12所示。

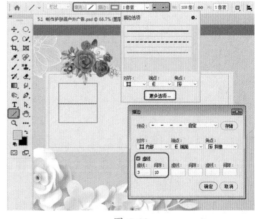

图 5-12

12 设置完成后，单击【确定】按钮，在【图层】面板中选择【形状2】图层，按住鼠标左键将其拖曳至【创建新图层】按钮上，对其进行复制，按 Ctrl+T 组合键，单击鼠标右键，在弹出的快捷菜单中选择【顺时针旋转 90 度】命令，如图 5-13 所示。

图 5-13

13 在【图层】面板中选择【形状 2】、【形状 2 拷贝】图层，将【不透明度】设置为 60%，如图 5-14 所示。

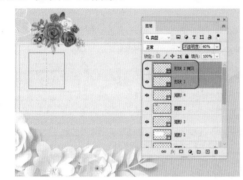

图 5-14

14 在【图层】面板中选择【矩形 4】、【形状 2】、【形状 2 拷贝】图层，单击【链接图层】按钮，然后对其进行复制，将【描边】设置为 #e7396e，并对其进行调整，效果如图 5-15 所示。

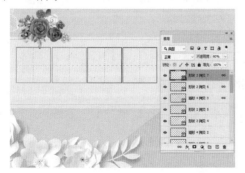

图 5-15

■ 5.1.2 制作护肤品广告内容区域效果

下面通过【文字工具】制作标题内容部分，然后导入素材文件并对其添加图层样式效果。

01 在工具箱中单击【横排文字工具】 **T.**，在工作区中输入文本【滋润补水】。选中输入的文本，在【字符】面板中，将【字体】设置为【方正行楷简体】，将【字体大小】设置为 109 点，将【字符间距】设置为 10，将【滋润】的颜色设置为 #2a8cc5，将【补水】的颜色设置为 #e23262，如图 5-16 所示。

图 5-16

02 根据前面介绍的方法导入【护肤品素材 04.png】素材文件，并在工作区中调整其大小、角度与位置，效果如图 5-17 所示。

图 5-17

03 使用同样的方法将【护肤品素材 05.png】素材文件拖曳至文档中，调整该素材文件的大小与位置，在【图层】面板中选择该图层，将【混合模式】设置为【颜色减淡】，将【填充】设置为 38%，如图 5-18 所示。

图 5-18

04 在【图层】面板中单击【创建新的填充或调整图层】按钮,在弹出的下拉列表中选择【曲线】命令,如图 5-19 所示。

图 5-19

05 在【属性】面板中添加一个控制点,将【输入】、【输出】分别设置为 159、172,如图 5-20所示。

图 5-20

06 在工具箱中单击【横排文字工具】 T.,在工作区中输入文本。选中输入的文本,在【字符】面板中将【字体】设置为【Adobe黑体 Std】,将【字体大小】设置为 16 点,将【字符间距】设置为 300,将【颜色】设置为 #393939,如图 5-21 所示。

图 5-21

07 在工具箱中单击【矩形工具】 □.,在工作区中绘制一个矩形,在【属性】面板中将【W】、【H】都设置为 6 像素,【X】、【Y】分别设置为 223 像素、259 像素,将【填充】设置为 #6f6f6f,将【描边】设置为无,并对该矩形向右进行复制,调整其位置,效果如图 5-22 所示。

图 5-22

08 根据前面介绍的方法将【护肤品素材06.png】素材文件添加至文档中,并在工作区中调整其位置,效果如图 5-23 所示。

图 5-23

09 在【图层】面板中双击【图层 6】,弹出【图层样式】对话框,勾选【外发光】复选框,将【混合模式】设置为【正常】,将【不透明度】设置为75%,将【杂色】设置为0%,将【发光颜色】设置为#ffffff,将【方法】设置为【柔和】,将【扩展】、【大小】分别设置为0%、57 像素,如图 5-24 所示。

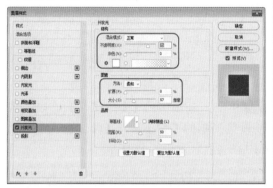

图 5-24

10 勾选【投影】复选框,将【混合模式】设置为【正片叠底】,将【阴影颜色】设置为#080103,将【不透明度】设置为12%,将【角度】设置为99度,勾选【使用全局光】复选框,将【距离】、【扩展】、【大小】分别设置为 9 像素、0%、0 像素,如图 5-25 所示。

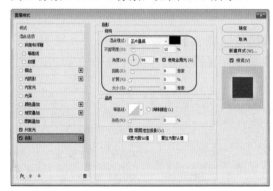

图 5-25

11 设置完成后,单击【确定】按钮。在工具箱中单击【钢笔工具】 ,在工具选项栏中将【工具模式】设置为【路径】,在工作区中绘制如图 5-26 所示的路径。

12 在工具箱中单击【横排文字工具】 ,在工作区中的路径上输入文本。选中输入的

文本,在【属性】面板中将【字体】设置为【Adobe 黑体 Std】,将【字体大小】设置为22 点,将【字符间距】设置为75,将【颜色】设置为#fefefe,如图 5-27 所示。

图 5-26

图 5-27

13 根据前面介绍的方法在工作区中创建其他文字与图形,效果如图 5-28 所示。

图 5-28

14 根据前面介绍的方法将【护肤品素材

07.png】素材文件拖曳至文档中，调整素材的大小与位置。在【图层】面板中双击【图层7】，弹出【图层样式】对话框,勾选【投影】复选框，将【混合模式】设置为【正片叠底】，将【不透明度】设置为16%，将【投影颜色】设置为#221714，将【角度】设置为99度，勾选【使用全局光】复选框，将【距离】、【扩展】、【大小】分别设置为151像素、10%、70像素，如图5-29所示。

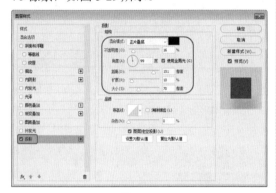

图 5-29

15 单击【确定】按钮，将【护肤品素材08.png】素材文件拖曳至文档中，调整该素材文件的大小与位置。选中【图层8】图层，按住Alt键拖曳鼠标进行复制。选中【图层8拷贝】图层，按Ctrl+T组合键，单击鼠标右键，在弹出的快捷菜单中选择【垂直翻转】命令，调整位置与大小，如图5-30所示。

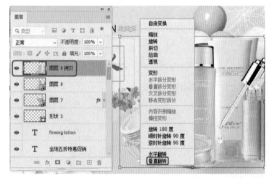

图 5-30

16 继续选中【图层8拷贝】图层，将【不透明度】设置为77%，单击【添加图层蒙版】

按钮，如图5-31所示。

图 5-31

17 单击工具箱中的【画笔工具】，根据需要设置画笔的【大小】与【硬度】，并对素材进行涂抹，如图5-32所示。

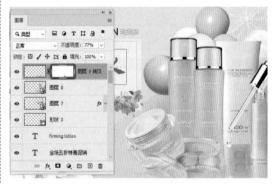

图 5-32

18 在【图层】面板中将【图层8拷贝】图层拖曳至【图层8】图层下方，效果如图5-33所示。

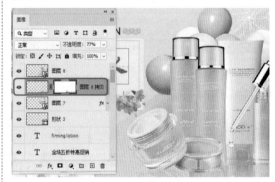

图 5-33

知识链接：如何使用【字符】面板

　　【字符】面板提供了比工具选项栏更多的选项，如图 5-34 所示，图 5-35 所示为面板菜单。字体系列、字体样式、文字大小、文字颜色和消除锯齿等都与工具选项栏中的相应选项相同，下面介绍其他选项。

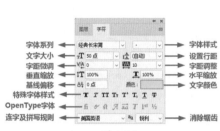

图 5-34　　　　　　　　　　图 5-35

◎ 【设置行距】：行距是指文本中各个文字行之间的垂直间距。同一段落的行与行之间可以设置不同的行距，但文字行中的最大行距决定了该行的行距。图 5-36 所示是行距为 72 点的文本，图 5-37 所示是行距调整为 150 点的文本。

图 5-36

图 5-37

◎ 【字距微调】：用来调整两个字符之间的间距，在操作时首先在要调整的两个字符之间单击，设置插入点，如图 5-38 所示，然后再调整数值。图 5-39 所示为增加该值后的文本，图 5-40 所示为减少该值后的文本。

图 5-38

图 5-39

图 5-40

◎ 【字距调整】 **VA** ：选择了部分字符时，可调整所选字符的间距，如图 5-41 所示；没有选择字符时，可调整所有字符的间距，如图 5-42 所示。

 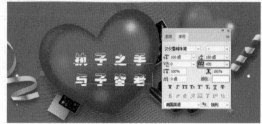

图 5-41   图 5-42

◎ 【水平缩放】 **I** 、【垂直缩放】 **IT** ：水平缩放用于调整字符的宽度，垂直缩放用于调整字符的高度。这两个百分比相同时，可进行等比缩放；不同时，可进行不等比缩放。

◎ 【基线偏移】 **A⁺** ：用来控制文字与基线的距离，它可以升高或降低所选文字，如图 5-43 所示。

◎ 【OpenType 字体】：包含当前 PostScript 和 TrueType 字体不具备的功能，如花饰字和自由连字。

◎ 【连字及拼写规则】可对所选字符进行有关连字符和拼写规则的语言设置。Photoshop 使用语言词典检查连字符连接。

图 5-43

LESSON 5.2 制作购物广告

为了更好地完成本设计案例，现对制作要求及设计内容做如下规划，效果如图 5-44 所示。

作品名称	制作购物广告
作品尺寸	1701px×851px
设计创意	（1）为添加的素材文件调色，减少暗度。 （2）添加艺术字，为艺术字添加【图层样式】效果。 （3）添加活动素材，通过对素材内容的排版设计，使画面干净整洁并富有设计感。
主要元素	（1）活动素材背景。 （2）艺术字。 （3）购物装饰。
应用软件	Photoshop 2020

（续表）

素材	素材 \Cha05\ 购物广告素材 01.png、购物广告素材 02.png、购物广告素材 03.png、购物广告素材 04.png、购物广告素材 05.png、购物广告素材 06.png、购物广告素材 07.png、购物广告素材 08.png、购物广告素材 09.png、购物广告素材 10.png、购物广告素材 11.png
场景	场景 \Cha05\5.2　制作购物广告 .psd
视频	视频教学 \Cha05\5.2.1　制作购物广告标题效果 .mp4 视频教学 \Cha05\5.2.2　制作购物广告内容区域效果 .mp4
购物广告 效果欣赏	 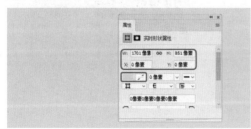 图 5-44

■ 5.2.1　制作购物广告标题效果

下面通过【文字工具】制作出标题内容部分，然后对文本添加图层样式效果，再对文字执行栅格化命令。

01 按 Ctrl+N 组合键，在弹出的对话框中将【宽度】、【高度】分别设置为 1701 像素、851 像素，将【分辨率】设置为 72 像素 / 英寸，将【颜色模式】设置为【RGB 颜色】，背景颜色设置为白色，设置完成后，单击【创建】按钮。在工具箱中单击【矩形工具】□，绘制一个与文档一样大小的矩形，将【X】、【Y】都设置为 0 像素，将【填充】设置为 #fff100，将【描边】设置为无，如图 5-45 所示。

图 5-45

02 按 Ctrl+O 组合键，在弹出的对话框中选择【素材 \Cha05\ 购物广告素材 01.png】素材文件，单击【打开】按钮，如图 5-46 所示。

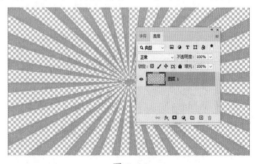

图 5-46

03 在工具箱中单击【移动工具】，将打开的素材文件拖曳至前面所创建的文档中，在【图层】面板中将【不透明度】设置为 22%，如图 5-47 所示。

04 使用同样的方法将【购物广告素材 02.png】、【购物广告素材 03.png】、【购物广告素材 04.png】素材文件添加至文档中，并调整素材位置与大小，如图 5-48 所示。

图 5-47

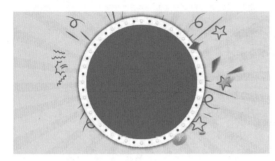

图 5-48

05 在工具箱中单击【横排文字工具】 **T.** ，在工作区中输入文本。选中输入的文本，在【字符】面板中将【字体】设置为【汉仪菱心体简】，将【字体大小】设置为 258 点，将【垂直缩放】、【水平缩放】分别设置为 108%、103%，将【颜色】设置为黑色，如图 5-49 所示。

图 5-49

06 按 Ctrl+T 组合键，变换选择的文字，在工具选项栏中将【旋转】设置为 -7 度，将【水平倾斜】设置为 -19 度，如图 5-50 所示。

提示：在此为了更好地观察文字效果，不用对文字的颜色进行设置，在后面的操作中会对其进行更改。

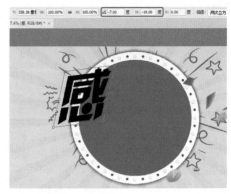

图 5-50

07 按 Enter 键完成变换，使用【横排文字工具】输入文本。选中输入的文本，在【字符】面板中将【字体】设置为【汉仪菱心体简】，将【字体大小】设置为 145 点，将【垂直缩放】、【水平缩放】分别设置为 108%、107%，如图 5-51 所示。

图 5-51

08 按 Ctrl+T 组合键，变换选择的文字，在工具选项栏中将【旋转】设置为 -8 度，将【水平倾斜】设置为 -15 度，如图 5-52 所示。

图 5-52

09 设置完成后，按 Enter 键完成变换。使用同样的方法在工作区中输入如图 5-54 所示的文本，并对其进行相应的调整，如图 5-53 所示。

图 5-53

10 在【图层】面板中选择【感】、【恩】、【钜惠】三个图层，右击鼠标，在弹出的快捷菜单中选择【转换为形状】命令，如图 5-54 所示。

图 5-54

11 转换为形状后，继续选中该图层，右击鼠标，在弹出的快捷菜单中选择【合并形状】命令，如图 5-55 所示。

图 5-55

12 将合并后的形状图层重新命名为【路径文字 1】，双击该图层的缩览图，在弹出的对话框中将颜色值设置为 #ffffff，如图 5-56 所示。

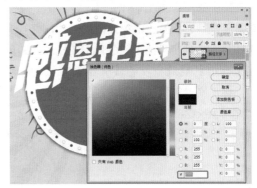

图 5-56

13 设置完成后，单击【确定】按钮。继续选中该图层，在工具箱中单击【直接选择工具】，在工作区中对文字进行调整，如图 5-57 所示。

图 5-57

14 使用同样的方法在工作区中创建其他文字效果，并对其进行相应的设置，效果如图 5-58 所示。

图 5-58

■ 5.2.2 制作购物广告内容区域效果

下面讲解购物广告内容区域的制作方法，其具体操作步骤如下。

01 在【图层】面板中选择活动时间的路径文字图层，双击该图层，在弹出的对话框中勾选【描边】复选框，将【大小】设置为 1 像素，将【位置】设置为【外部】，将【颜色】设置为 #fbef26，如图 5-59 所示。

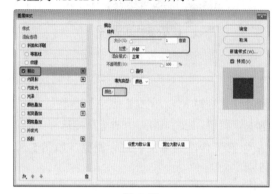

图 5-59

02 设置完成后，单击【确定】按钮。继续选中添加描边后的图层，单击鼠标右键，在弹出的快捷菜单中选择【栅格化图层】命令，如图 5-60 所示。

图 5-60

03 在【图层】面板中选择四个路径文字图层，右击鼠标，在弹出的快捷菜单中选择【合并图层】命令，如图 5-61 所示。

04 在【图层】面板中双击合并后的图层，弹出【图层样式】对话框，勾选【描边】复选框，将【大小】设置为 15 像素，将【位置】设置为【外部】，将【颜色】设置为 #8e1577，如图 5-62 所示。

图 5-61

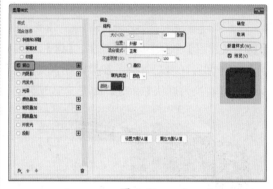

图 5-62

05 设置完成后，勾选【投影】复选框，将【混合模式】设置为【正片叠底】，将【阴影颜色】设置为 #040000，将【不透明度】设置为 42%，将【角度】设置为 90 度，勾选【使用全局光】复选框，将【距离】、【扩展】、【大小】分别设置为 21 像素、21%、11 像素，如图 5-63 所示。

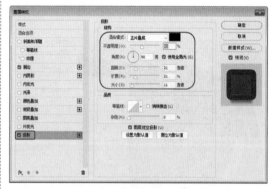

图 5-63

06 设置完成后，单击【确定】按钮。在工具箱中单击【钢笔工具】 ，在工具选项栏中将【填充】设置为#00cccc,将【描边】设置为无,在工作区中绘制如图5-64所示的图形。

图 5-64

07 在【图层】面板中双击【形状 1】图层,弹出【图层样式】对话框,勾选【投影】复选框,将【混合模式】设置为【正片叠底】,将【阴影颜色】设置为#154d56,将【不透明度】设置为27%,将【角度】设置为90度,勾选【使用全局光】复选框,将【距离】、【扩展】、【大小】分别设置为2像素、0%、1像素,如图5-65所示。

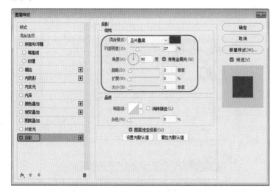

图 5-65

08 设置完成后,单击【确定】按钮。在工具箱中单击【横排文字工具】 T.,在工作区中输入文本。选中输入的文本,在【字符】面板中将【字体】设置为【汉仪菱心体简】,将【字体大小】设置为48点,将【字符间距】设置为0,将【垂直缩放】、【水平缩放】都设置为100%,将【基线偏移】设置为-11点,将【颜色】设置为#ffffff,单击【仿斜体】按钮,如图5-56所示。

图 5-66

09 在【图层】面板中选择【形状 1】图层,单击鼠标右键,在弹出的快捷菜单中选择【拷贝图层样式】命令,如图5-67所示。

图 5-67

10 在【图层】面板中选择【全场满减】文字图层,单击鼠标右键,在弹出的快捷菜单中选择【粘贴图层样式】命令,如图5-68所示。

图 5-68

11 根据前面所介绍的方法创建其他图形与文字,并对其进行相应的设置,如图5-69所示。

12 按 Ctrl+O 组合键,在弹出的对话框中选

择【素材\Cha05\购物广告素材 05.png】素材
文件，单击【打开】按钮。在工具箱中单击【移
动工具】 ⊕ ，将打开的素材文件拖曳至前面
所创建的文档中，并调整素材位置，如图 5-70
所示。

图 5-69

图 5-70

13 单击工具箱中的【圆角矩形工具】 ◻ ，
将【填充】设置为 #e60012，将【描边】设置
为无，在工作区中绘制图形，绘制完成后调
整图形位置，如图 5-71 所示。

图 5-71

14 在【图层】面板中双击【圆角矩形 1】图层，
弹出【图层样式】对话框，勾选【渐变叠加】
复选框，将【混合模式】设置为【正常】，
取消勾选【仿色】复选框，将【不透明度】
设置为 97%，将【样式】设置为【线性】，
将【角度】设置为 90 度，如图 5-72 所示。

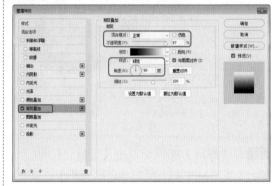

图 5-72

15 单击【渐变】右侧的渐变条，弹出【渐
变编辑器】对话框，将【平滑度】设置为
100%，将最左侧色标的 RGB 颜色值设置为
#af0aee，将最右侧色标的 RGB 颜色值设置为
#d82cb0，如图 5-73 所示。

图 5-73

16 设置完成后，单击两次【确定】按钮。单
击工具箱中的【横排文字工具】，输入文本
【全场 5 折，抢购进行中】，将【字体】设
置为【Adobe 黑体 Std】，将【字体大小】设
置为 37 点，将【颜色】设置为 #ffe400，单击【仿
斜体】按钮，如图 5-74 所示。

图 5-74

17 选中输入的文本【5】，在【字符】面板中将【字体大小】设置为 55 点，将【颜色】设置为白色，如图 5-75 所示。

图 5-75

18 根据前面介绍的方法，将【购物广告素材 06.png】、【购物广告素材 07.png】素材文件拖曳至当前文档中，并调整素材位置与大小，如图 5-76 所示。

图 5-76

19 在【图层】面板中，选中【图层 6】与【图层 7】进行复制。按 Ctrl+T 组合键，选中复制后的两个图层，单击鼠标右键，在弹出的快捷

菜单中选择【水平翻转】命令，设置完成后调整素材位置，如图 5-77 所示。

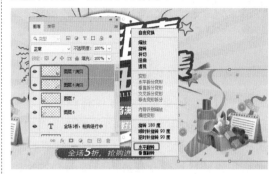

图 5-77

20 根据前面介绍的方法，将【购物广告素材 08.png】、【购物广告素材 09.png】、【购物广告素材 10.png】、【购物广告素材 11.png】素材文件拖曳至当前文档中，并调整素材位置与大小。选中【图层 11】图层，如图 5-78 所示。

图 5-78

21 在【图层】面板中，将【混合模式】设置为【滤色】。继续选中【图层 11】进行复制，并调整复制后图层的位置，如图 5-79 所示。

图 5-79

课后项目练习

制作影院户外广告

现如今，随着电影事业的逐渐发展，影院也逐渐增多。因影院大多处于高档商圈内，所以可与产品销售终端展开联合营销活动，促进销售。目标受众在高度放松的心境下，更乐于参与品牌产品体验活动，深度接受品牌传达的理念。本练习将介绍如何制作影院宣传广告。

1. 课后项目练习效果展示

效果如图 5-80 所示。

图 5-80

2. 课后项目练习过程概要

（1）首先为文档绘制背景效果，接着为素材文件设置【混合模式】效果，添加艺术字，为艺术字执行【转换为形状】命令，然后使用【圆角矩形工具】与【矩形工具】为文字添加艺术效果。

（2）添加影院素材文件，完成最终效果。

素材	素材 \Cha05\ 影院素材 01.jpg、影院素材 02.jpg、影院素材 03.png
场景	场景 \Cha05\ 制作影院户外广告 .psd
视频	视频教学 \Cha05\ 制作影院户外广告 .mp4

01 启动软件，按 Ctrl+N 组合键，在弹出的对话框中将【宽度】、【高度】分别设置为 2000 像素、998 像素，将【分辨率】设置为

150 像素 / 英寸，将【颜色模式】设置为【RGB 颜色】，将背景颜色设置为白色，设置完成后，单击【创建】按钮。在工具箱中单击【矩形工具】，在工作区中绘制一个与文档一样大小的矩形，将【X】、【Y】都设置为 0 像素，将【填充】设置为 #e6033f，将【描边】设置为无，如图 5-81 所示。

图 5-81

02 按 Ctrl+O 组合键，在弹出的对话框中选择【素材 \Cha05\ 影院素材 01.jpg】素材文件，单击【打开】按钮。在工具箱中单击【移动工具】，将打开的素材拖曳至新建的文档中，并在工作区中调整其位置，如图 5-82 所示。

图 5-82

03 在【图层】面板中选择【图层 1】图层，将【混合模式】设置为【明度】，将【不透明度】设置为 50%，效果如图 5-83 所示。

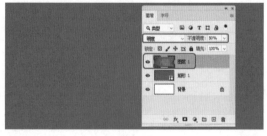

图 5-83

04 在工具箱中单击【钢笔工具】，在工具选项栏中将【填充】设置为 #e83418，将【描边】设置为无，在工作区中绘制如图 5-84 所

示的图形。

图 5-84

05 继续选中【钢笔工具】，在工具选项栏中将【填充】设置为#f5c01b，将【描边】设置为无，在工作区中绘制如图 5-85 所示的图形。

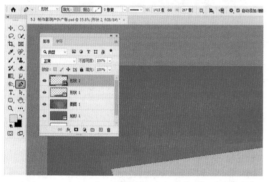

图 5-85

06 在工具箱中单击【移动工具】，在【图层】面板中选中【形状 2】图层，将【不透明度】设置为 68%，如图 5-86 所示。

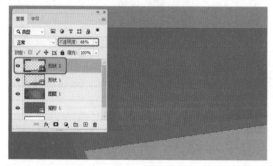

图 5-86

07 在工具箱中单击【钢笔工具】，在工具选项栏中将【填充】设置为# f5c01b，将【描边】设置为无，在工作区中绘制如图 5-87 所示的图形。

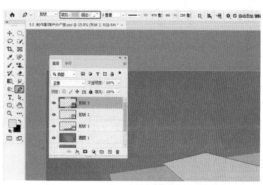

图 5-87

08 继续选中【钢笔工具】，在工具选项栏中将【填充】设置为#cf1377，将【描边】设置为无，在工作区中绘制如图 5-88 所示的图形，在【图层】面板中将【不透明度】设置为 67%。

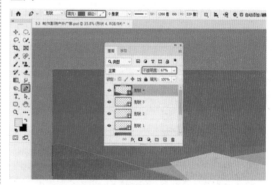

图 5-88

09 在工具箱中单击【横排文字工具】，在工作区中输入文本。选中输入的文本，在【字符】面板中将【字体】设置为【方正粗活意简体】，将【字体大小】设置为 306 点，将【颜色】设置为#ffffff，并在工作区中调整其位置，效果如图 5-89 所示。

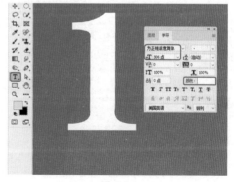

图 5-89

10 在【图层】面板中选择【1】图层，单击鼠标右键，在弹出的快捷菜单中选择【转换为形状】命令，如图 5-90 所示。

图 5-90

11 在工具箱中单击【直接选择工具】，在工作区中对转换的形状进行调整，并使用【钢笔工具】添加锚点或删除锚点，调整后的效果如图 5-91 所示。

图 5-91

12 在【图层】面板中选择【1】图层，单击【添加图层蒙版】按钮，添加蒙版。在工具箱中单击【矩形选框工具】，将背景色设置为黑色，在工作区中绘制一个矩形，按 Ctrl+Delete 组合键填充背景色，如图 5-92 所示。

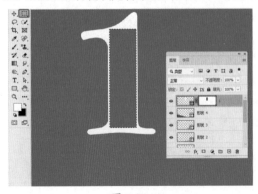

图 5-92

13 按 Ctrl+D 组合键取消矩形选区，在工具箱中单击【矩形工具】，在工作区中绘制一个矩形。选中绘制的矩形，在【属性】面板中将【W】、【H】分别设置为 10 像素、16 像素，将【X】、【Y】分别设置为 947 像素、98 像素，将【填充】设置为 #ffffff，将【描边】设置为无，适当调整位置，效果如图 5-93 所示。

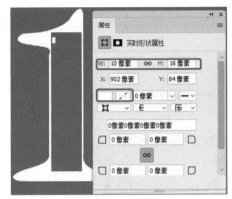

图 5-93

14 在工具箱中单击【移动工具】，在工作区中选择新绘制的矩形，按住 Alt 键拖曳鼠标进行复制，效果如图 5-94 所示。

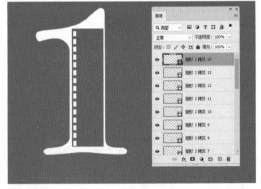

图 5-94

15 在【图层】面板中选择【矩形 2】及所有拷贝图层，右击鼠标，在弹出的快捷菜单中选择【合并形状】命令，如图 5-95 所示。

16 将合并后的形状重命名为【矩形 2】，在工具箱中单击【移动工具】，在工作区中选择合并后的形状，按住 Alt 键向右拖动鼠标，对其进行复制，复制后的效果如图 5-96 所示。

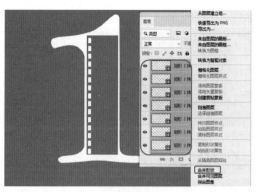

图 5-95

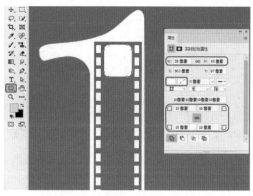

图 5-97

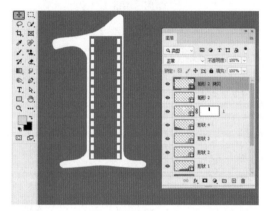

图 5-96

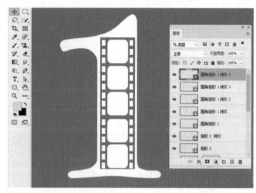

图 5-98

提示：在编辑图形时，要经常同时移动或者变换几个图层，如果将图形进行合并，则方便管理与调整，从而提高工作效率。

17 在工具箱中单击【圆角矩形工具】 ，在工作区中绘制一个圆角矩形。选中绘制的圆角矩形，在【属性】面板中将【W】、【H】分别设置为 58 像素、65 像素，将【填充】设置为 #ffffff，将【描边】设置为无，将【角半径】都设置为 10 像素，并在工作区中调整圆角矩形的位置，如图 5-97 所示。

18 在工具箱中单击【移动工具】 ，在工作区中选择绘制的圆角矩形，按住 Alt 键对圆角矩形进行复制，复制后的效果如图 5-98 所示。

19 在【图层】面板中选择所有的圆角矩形图层，右击鼠标，在弹出的快捷菜单中选择【合并形状】命令，如图 5-99 所示。

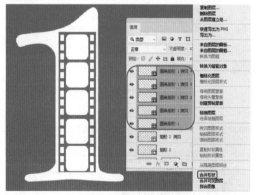

图 5-99

20 将合并后的形状图层重命名为【圆角矩形 1】，在【图层】面板中选择如图 5-100 所示的图层，单击【链接图层】按钮，将选中的图层链接在一起。

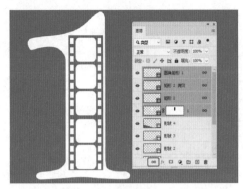

图 5-100

21 在工具箱中单击【横排文字工具】 T ，在工作区中输入文本。选中输入的文本，在【字符】面板中将【字体】设置为【微软简综艺】，将【字体大小】设置为 112 点，将【字符间距】设置为 0，将【颜色】设置为 #040000，如图 5-101 所示。

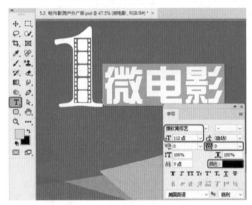

图 5-101

22 在【图层】面板中选择【微电影】文字图层，右击鼠标，在弹出的快捷菜单中选择【转换为形状】命令，如图 5-102 所示。

图 5-102

23 在工具箱中单击【直接选择工具】 ，在工作区中对转换后的形状进行调整，效果

如图 5-103 所示。

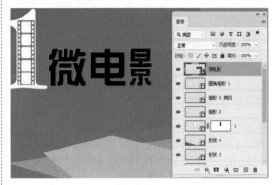

图 5-103

24 在【图层】面板中双击【微电影】图层，弹出【图层样式】对话框，勾选【描边】复选框，将【大小】设置为 18 像素，将【位置】设置为【外部】，将【颜色】设置为 #ffffff，如图 5-104 所示。

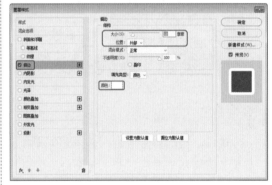

图 5-104

25 设置完成后，单击【确定】按钮。在工具箱中单击【钢笔工具】 ，在工具选项栏中将【填充】设置为 #000000，在工作区中绘制如图 5-105 所示的图形。

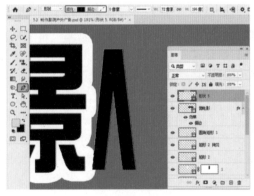

图 5-105

26 使用同样的方法在工作区中绘制其他图形，并进行相应的设置，效果如图 5-106 所示。

图 5-106

27 在【图层】面板中选择绘制图形的图层，右击鼠标，在弹出的快捷菜单中选择【栅格化图层】命令，如图 5-107 所示。

图 5-107

28 继续在【图层】面板中选择这些图层，单击鼠标右键，在弹出的快捷菜单中选择【合并图层】命令，如图 5-108 所示。

图 5-108

29 将合并的图层重新命名为【放映机】，双击该图层，在弹出的对话框中勾选【描边】复选框，将【大小】设置为 18 像素，将【位置】设置为【外部】，将【颜色】设置为 #ffffff，如图 5-109 所示。

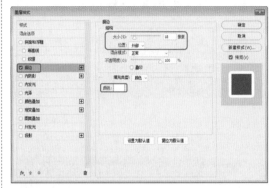

图 5-109

30 设置完成后，单击【确定】按钮，在工具箱中单击【横排文字工具】 T，在工作区中输入文本。选中输入的文本，在【字符】面板中将【字体】设置为【汉仪大隶书简】，将【字体大小】设置为 68 点，将【颜色】设置为 #ffffff，如图 5-110 所示。

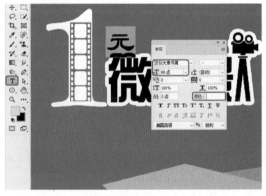

图 5-110

31 再次使用【横排文字工具】在工作区中输入文本，并在工作区中调整该文本的位置，效果如图 5-111 所示。

32 在工具箱中单击【钢笔工具】 ⌀，在工具选项栏中将【填充】设置为 #ffffff，将【描边】设置为无，在工作区中绘制如图 5-112 所示的图形。

图 5-111

图 5-112

33 在【图层】面板中双击该图形所在的图层，弹出【图层样式】对话框，勾选【投影】复选框，将【混合模式】设置为【正片叠底】，将【阴影颜色】设置为#7d7b7c，将【不透明度】设置为44%，将【角度】设置为141度，取消勾选【使用全局光】复选框，将【距离】、【扩展】、【大小】分别设置为19像素、31%、0像素，如图5-113所示。

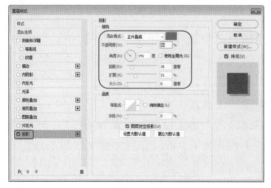

图 5-113

34 设置完成后，单击【确定】按钮。在工具箱中单击【横排文字工具】，在工作区中输入文本。选中输入的文本，在【字符】面板中将【字体】设置为【汉仪菱心体简】，将【字体大小】设置为27点，将【字符间距】设置为50，将【颜色】设置为#e84385，在工作区中调整其位置，效果如图5-114所示。

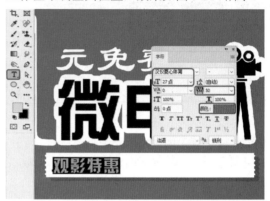

图 5-114

35 使用【横排文字工具】在工作区中再次输入文本，在【字符】面板中将【字体】设置为【汉仪菱心体简】，将【字体大小】设置为27点，将【字符间距】设置为50，将【颜色】设置为#2f0e0f，设置完成后调整文本位置，效果如图5-115所示。

图 5-115

36 在工具箱中单击【钢笔工具】，在工具选项栏中将【填充】设置为#ffffff，将【描边】设置为无，在工作区中绘制如图5-116所示的图形。

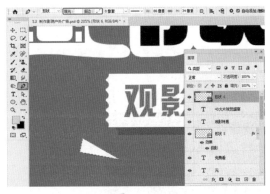

图 5-116

37 使用【钢笔工具】 ⬥ 在工作区中绘制如图 5-117 所示的图形，将颜色设置为白色。

图 5-117

38 在【图层】面板中选择新绘制的四个图形所在的图层，单击鼠标右键，在弹出的快捷菜单中选择【合并形状】命令，如图 5-118 所示。

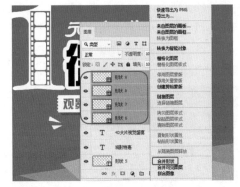

图 5-118

39 将合并后的形状图层重新命名为【形状6】，双击该图层，弹出【图层样式】对话框，勾选【投影】复选框，将【混合模式】设置为【正片叠底】，将【阴影颜色】设置为 #7d7b7c，将【不透明度】设置为 43%，将【角度】设

置为 141 度，取消勾选【使用全局光】复选框，将【距离】、【扩展】、【大小】分别设置为 14 像素、31%、0 像素，如图 5-119 所示。

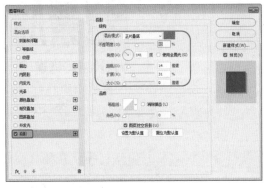

图 5-119

40 设置完成后，单击【确定】按钮。单击工具箱中的【横排文字工具】，在工作区中输入文本，在【字符】面板中将【字体】设置为【微软雅黑】，将【字体大小】设置为 23 点，将【颜色】设置为白色，效果如图 5-120 所示。

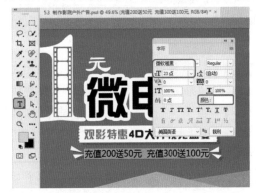

图 5-120

41 选中输入的文本【送 50 元】与【送 100元】，在【字符】面板中，将【字体样式】设置为【Bold】。选中文本【送】，将【颜色】设置为 #f5c01b，如图 5-121 所示。

42 单击工具箱中的【横排文字工具】，在工作区中输入文本，在【字符】面板中将【字体】设置为【Adobe 黑体 Std】，将【字体大小】设置为 10 点，将【字符间距】设置为 797，将【颜色】设置为白色，单击【仿粗体】按钮，如图 5-122 所示。

图 5-121

图 5-122

43 按 Ctrl+O 组合键，在弹出的对话框中选择【素材\Cha05\影院素材 02.png】素材文件，单击【打开】按钮，在【通道】面板中按住 Ctrl 键单击【蓝】通道缩览图，单击【将选区存储为通道】按钮，如图 5-123 所示。

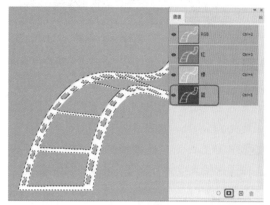

图 5-123

44 在【通道】面板中选择【Alpha 1】通道，按住 Ctrl 键单击【Alpha 1】通道的缩览图，按 Ctrl+Shift+I 组合键，对选区进行反选，将背景色设置为黑色，按 Ctrl+Delete 组合键填充背景色，如图 5-124 所示。

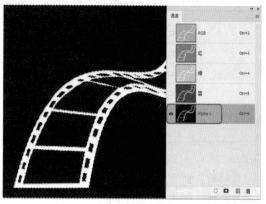

图 5-124

> 提示：由于复合通道（即 RGB 通道）是由各原色通道组成的，因此在隐藏面板中的某个原色通道时，复合通道将会自动隐藏。如果选择显示复合通道，那么组成它的原色通道将自动显示。

45 在【通道】面板中按住 Ctrl 键单击【Alpha 1】通道的缩览图，然后选择【RGB】通道，在【图层】面板中单击【创建新图层】按钮，将【前景色】设置为 #ffffff，按 Alt+Delete 组合键填充前景色，如图 5-125 所示。

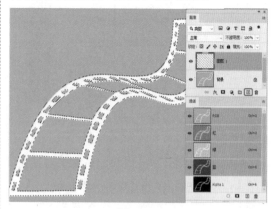

图 5-125

46 按 Ctrl+D 组合键取消选区，在工具箱中单击【移动工具】🔁，在工作区中将该素材文件拖曳至前面所创建的文档中，并在工作区中调整其位置，效果如图 5-126 所示。

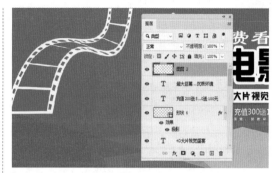

图 5-126

知识链接：通道的基本操作

（1）重命名与删除通道

如果要重命名 Alpha 通道或专色通道，可以双击该通道的名称，在显示的文本框中输入新名称，如图 5-127 所示。复合通道和颜色通道不能重命名。

如果要删除通道，可将其拖动到【删除当前通道】按钮 🗑 上，如图 5-128 所示。如果删除的是一个颜色通道，则 Photoshop 会将图像转换为多通道模式，如图 5-129 所示。

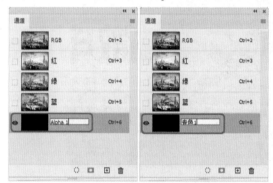 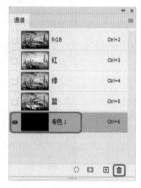

图 5-127   图 5-128

图 5-129

（2）载入通道中的选区

Alpha 通道、颜色通道和专色通道都包含选区，在【通道】面板中选择要载入选区的通道，然后单击【将通道作为选区载入】按钮 ◯，即可载入通道中的选区，如图 5-130 所示。

　　按住 Ctrl 键单击通道的缩览图，可以直接载入通道中的选区，这种方法的好处在于不必通过切换通道就可以载入选区，因此，也就不必为了载入选区而在通道间切换，如图 5-131 所示。

图 5-130	图 5-131

47 根据前面所介绍的方法将【影院素材 03.png】素材文件拖曳至文档中，并在工作区中调整其位置，效果如图 5-132 所示。

图 5-132

第 06 章
包装设计

本章导读：

　　包装设计是一门综合运用自然科学和美学知识，为在商品流通过程中更好地保护商品，并促进商品的销售而产生的专业学科。通过包装的特色来体现产品的独特新颖之处，可吸引更多的消费者前来购买，更有人把它当作礼品外送。因此，包装设计对产品的推广和品牌的建立至关重要。

6.1　月饼包装封面设计

为了更好地完成本设计案例，现对制作要求及设计内容做如下规划，如图 6-1 所示。

作品名称	月饼包装封面设计
作品尺寸	1212px×1063px
设计创意	（1）通过置入素材文件，并设置不同的素材文件的【混合模式】，使其叠加在一起，制作出月饼包装的封面背景。 （2）利用【横排文字工具】制作月饼包装文字，并将文字转换为形状，通过对文字的调整制作出艺术字效果，使整体画面更加生动。
主要元素	（1）树素材。 （2）月亮素材。 （3）嫦娥素材。 （4）光、光晕素材。 （5）玉兔素材。
应用软件	Photoshop 2020
素材	素材 \Cha06\ 中秋素材 01.png ～ 装饰素材 09.png、中秋素材 10.jpg
场景	场景 \Cha06\6.1　月饼包装封面设计 .psd
视频	视频教学 \Cha06\6.1.1　制作月饼包装背景 .mp4 视频教学 \Cha06\6.1.2　制作月饼包装文字介绍 .mp4
月饼包装 封面设计 效果欣赏	 图 6-1

■ 6.1.1　制作月饼包装背景

本节将介绍如何制作月饼包装背景，包括置入不同的素材文件，并设置【混合模式】，从而制作出月饼包装背景。

01 启动软件，按 Ctrl+N 组合键，在弹出的对话框中将【宽度】、【高度】分别设置为 1212 像素、1063 像素，将【分辨率】设置为 96 像素 / 英寸，将【背景内容】设置为白色，单击【创建】按钮。在【图层】面板中单击【创建新图层】按钮 ⊡，在工具箱中单击【渐变工具】 ▣，在工具选项栏中单击渐变条，在弹出的对话框中将左侧色标的颜色值设置为 #a90810，将右侧色标的颜色值设置为 #c50b0f，单击【确定】按钮，在工作区中拖动鼠标，填充渐变色，效果如图 6-2 所示。

图 6-2

02 将【中秋素材 01.png】素材文件置入文档中，并调整其大小与位置，图 6-3 所示。

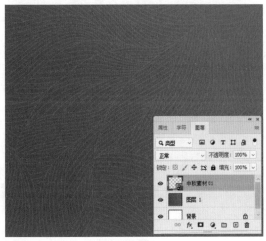

图 6-3

知识链接：【图层】面板

【图层】面板用来创建、编辑和管理图层，以及为图层添加样式、设置图层的不透明度和混合模式。

在菜单栏中选择【窗口】|【图层】命令，打开【图层】面板，其中显示了图层的堆叠顺序、图层的名称和图层内容的缩览图，如图 6-4 所示。

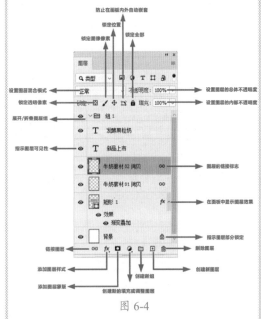

图 6-4

◎ 【设置图层混合模式】 正常 ：用来设置当前图层中的图像与下面图层混合时使用的混合模式。

◎ 【设置图层的总体不透明度】 不透明度：100% ：用来设置当前图层的不透明度。

◎ 【设置图层的内部不透明度】 填充：100% ：用来设置当前图层的填充百分比。

◎ 【指示图层部分锁定】按钮 ：锁定按钮用于锁定图层的透明区域、图像像素和位置，以免其被编辑。处于锁定状态的图层会显示图层锁定标志。

◎ 【指示图层可见性】标志 👁：当图层前显示该标志时，表示该图层为可见图层。单击它可以取消显示，从而隐藏图层。

◎ 【链接图层/图层链接】标志 🔗：链接图层按钮用于链接当前选择的多个网层，被链接的图层会显示图层链接标志，它们可以一同移动或进行变换。

◎ 【展开/折叠图层组】标志 ∨：单击该标志，可以展开图层组，显示图层组中包含的图层。再次单击可以折叠图层组。

◎ 【在面板中显示图层效果】标志 ∧：单击该标志，可以展开图层效果，显示当前图层添加的效果。再次单击可折叠图层效果。

◎ 【添加图层样式】按钮 fx：单击该按钮，在打开的下拉列表中可以为当前图层添加图层样式。

◎ 【添加图层蒙版】按钮 ◻：单击该按钮，可以为当前图层添加图层蒙版。

◎ 【创建新的填充或调整图层】按钮 ◑：单击该按钮，在打开的下拉列表中可以选择创建新的填充图层或调整图层。

◎ 【创建新组】按钮 ▭：单击该按钮，可以创建一个新的图层组。

◎ 【创建新图层】按钮 ⊞：单击该按钮，可以新建一个图层。

◎ 【删除图层】按钮 🗑：单击该按钮，可以删除当前选择的图层或图层组。

在【图层】面板中单击右侧的 ☰ 按钮，可以弹出下拉菜单，如图6-5所示。从中可以完成如下操作：新建图层、复制图层、删除图层、删除隐藏图层等。

图 6-5

在【图层】面板中单击右侧的 ☰ 按钮，在弹出的下拉菜单中选择【面板选项】命令，打开【图层面板选项】对话框，如图6-6所示，可以设置图层缩览图的大小，如图6-7所示。

在【图层】面板中图层下方的空白处单击鼠标右键，在弹出的快捷菜单中也可以设置缩览图的效果，如图6-8所示。

图 6-6

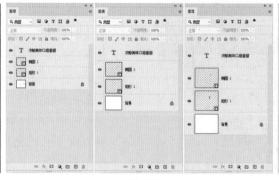

图 6-7

图 6-8

03 在【图层】面板中双击【中秋素材01】
图层，在弹出的【图层样式】对话框中勾选
【颜色叠加】复选框，将【叠加颜色】设置
为 #da1113，如图 6-9 所示。

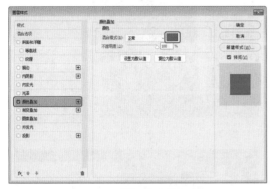

图 6-9

04 设置完成后，单击【确定】按钮，将【中
秋素材 02.png】、【中秋素材 03.png】、【中
秋素材 04.png】、【中秋素材 05.png】、【中
秋素材 06.png】素材文件置入文档中，并调
整其位置，如图 6-10 所示。

图 6-10

05 将【中秋素材 07.png】素材文件置入文
档中，在【图层】面板中将其【混合模式】
设置为【线性减淡（添加）】，如图 6-11 所示。

06 将【中秋素材 08.png】素材文件置入
文档中，在【图层】面板中选择【中秋素
材 08】图层，将【混合模式】设置为【滤
色】，将【不透明度】设置为 60%，如图 6-12
所示。

图 6-11

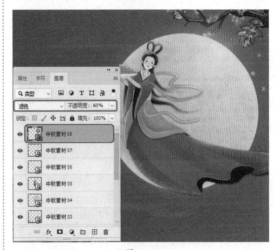

图 6-12

07 根据前面所介绍的方法将【中秋素材
09.png】素材文件置入文档中。

6.1.2　制作月饼包装文字介绍

本节将介绍如何制作月饼包装文字介绍，
主要利用【横排文字工具】制作文字内容，
并将输入的文字转换为形状，再使用【删除
锚点工具】与【直接选择工具】对文字进行
调整，制作出艺术字效果。

01 在工具箱中单击【横排文字工具】**T.**，
在工作区中输入文本。选中输入的文本，在
【字符】面板中将【字体】设置为【汉仪尚
巍手书 W】，将【字体大小】设置为 240 点，
将【颜色】设置为白色，如图 6-13 所示。

图 6-13

02 在【图层】面板中选择【中】文字图层，右击鼠标，在弹出的快捷菜单中选择【转换为形状】命令，利用【删除锚点工具】与【直接选择工具】对文字进行调整，效果如图6-14所示。

图 6-14

03 在工具箱中单击【横排文字工具】 T.，在工作区中输入文本。选中输入的文本，在【字符】面板中将【字体大小】设置为 187 点，如图 6-15 所示。

04 在【图层】面板中选择【中】、【秋】两个图层，按住鼠标左键将其拖曳至【创建新组】按钮 □ 上，并将组重新命名为【中秋】，如图 6-16 所示。

05 将【中秋素材10.jpg】素材文件置入文档中，并调整其位置。在【图层】面板中选择【中秋素材10】图层，右击鼠标，在弹出的快捷菜单中选择【创建剪贴蒙版】命令，如图6-17所示。

图 6-15

图 6-16

图 6-17

06 在工具箱中单击【直排文字工具】 ↓T.，在工作区中输入文本。选中输入的文本，在【字符】面板中将【字体】设置为【创艺简老宋】，将【字体大小】设置为 60 点，将【字符间距】设置为 950，将【水平缩放】设置为 85%，如图 6-18 所示。

图 6-18

07 在工具箱中单击【椭圆工具】○，在工作区中绘制一个圆形，在【属性】面板中将【W】、【H】均设置为 131 像素，将【填充】设置为无，将【描边】设置为白色，将【描边宽度】设置为 3 像素，如图 6-19 所示。

图 6-19

08 对绘制的圆形进行复制，并调整其位置。在工具箱中单击【直排文字工具】↓T，在工作区中输入文本。选中输入的文本，在【字符】面板中将【字体大小】设置为 33 点，将【字符间距】设置为 400，将【水平缩放】设置为 100%，如图 6-20 所示。

09 在【图层】面板中选择【团圆】、【椭圆 1】、【椭圆 1 拷贝】、【月满人团圆】图层，按住鼠标左键将其拖曳至【中秋】图层组中，如图 6-21 所示。

10 在【图层】面板中选择【中秋素材 10】图层，在工具箱中单击【圆角矩形工具】□，在工

作区中绘制一个圆角矩形，在【属性】面板中将【W】、【H】均设置为 38 像素，将【填充】设置为 #e50819，将【描边】设置为无，将所有的【角半径】均设置为 3 像素，如图 6-22 所示。

图 6-20

图 6-21

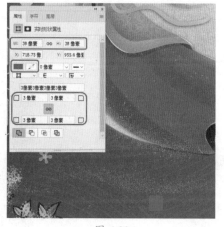

图 6-22

11 将绘制的圆角矩形进行复制，并调整复制后的图形的位置，效果如图 6-23 所示。

12 根据前面所介绍的方法在工作区中输入其他文字内容，并进行相应的设置，效果如图 6-24 所示。

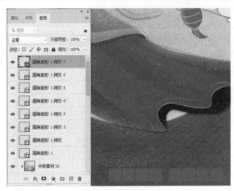
图 6-23

图 6-24

6.2 粽子包装封面设计

为了更好地完成本设计案例，现对制作要求及设计内容做如下规划，效果如图 6-25 所示。

作品名称	粽子包装封面设计
作品尺寸	1212px×1063px
设计创意	（1）为粽子素材添加【图层蒙版】、【矢量蒙版】，将其与背景色融合在一起，使画面干净整洁，富有设计感。 （2）利用【矩形工具】、【椭圆工具】制作出标题创意背景，通过对文字内容进行排版，增强画面的层次感。
主要元素	（1）粽子剪影素材。 （2）粽子素材。 （3）叶子素材。
应用软件	Photoshop 2020
素材	素材 \Cha06\ 粽子素材 01.png、粽子素材 02.jpg、粽子素材 03.png
场景	场景 \Cha06\6.2　粽子包装封面设计 .psd
视频	视频教学 \Cha06\6.2.1　制作粽子包装背景 .mp4 视频教学 \Cha06\6.2.2　制作粽子包装标题 .mp4
粽子包装封面设计效果欣赏	图 6-25

6.2.1 制作粽子包装背景

本节将介绍如何制作粽子包装背景，主要通过为粽子素材添加【图层蒙版】、【矢量蒙版】，使素材与背景色融合在一起，最后为叶子素材添加【路径模糊】效果。

01 启动软件，按 Ctrl+N 组合键，在弹出的对话框中将【宽度】、【高度】分别设置为1212 像素、1063 像素，将【分辨率】设置为96 像素 / 英寸，将【背景内容】设置为【自定义】，将颜色值设置为 #004138，单击【创建】按钮。将【粽子素材 01.png】素材文件置入文档中，并调整其位置。在【图层】面板中选择【粽子素材 01】图层，将【不透明度】设置为 30%，如图 6-26 所示。

图 6-26

02 将【粽子素材 02.jpg】素材文件置入文档中，并调整其大小与位置，效果如图 6-27 所示。

图 6-27

03 在【图层】面板中选择【粽子素材 02】图层，单击【添加图层蒙版】按钮 ▢。将前景色设置为黑色，在工具箱中单击【画笔工具】 ✎，在工作区中对选中的素材文件进行涂抹，如图 6-28 所示。

图 6-28

04 在工具箱中单击【椭圆工具】，在工具选项栏中将【工具模式】设置为【路径】，在工作区中绘制一个路径，在【属性】面板中将【W】、【H】均设置为 1280 像素，如图 6-29 所示。

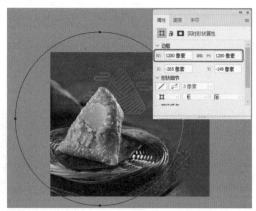

图 6-29

05 在菜单栏中选择【图层】|【矢量蒙版】|【当前路径】命令，如图 6-30 所示。

06 在【属性】面板中单击【蒙版】按钮 ▢，将【羽化】设置为 100 像素，如图 6-31 所示。

图 6-30　　　　　　　　　　图 6-31

知识链接：矢量蒙版

矢量蒙版是通过路径和矢量形状控制图像显示区域的蒙版，需要使用绘图工具才能编辑蒙版。矢量蒙版中的路径是与分辨率无关的矢量对象，因此，在缩放蒙版时不会产生锯齿。向矢量蒙版添加图层样式可以创建标志、按钮、面板或者其他的 Web 设计元素。

创建矢量蒙版有多种方法。

◎ 选择一个图层，然后在菜单栏中选择【图层】|【矢量蒙版】|【显示全部】命令，创建一个白色矢量图层，如图 6-32 所示。

◎ 在菜单栏中选择【图层】|【矢量蒙版】|【隐藏全部】命令，创建一个灰色的矢量蒙版，如图 6-33 所示。

◎ 绘制一个路径，在菜单栏中选择【图层】|【矢量蒙版】|【当前路径】命令，可以用当前路径创建一个矢量蒙版。

◎ 按住 Ctrl+Alt 组合键单击【添加图层蒙版】按钮，可以创建一个隐藏全部的灰色矢量蒙版。

图 6-32　　　　　　　　　　图 6-33

图层蒙版和剪贴蒙版都是基于像素的蒙版，而矢量蒙版则是基于矢量对象的蒙版，它是通过路径和矢量形状来控制图像显示区域的。为图层添加矢量蒙版后，【路径】面板中会自动生成一个矢量蒙版路径，如图 6-34 所示。

矢量蒙版与分辨率无关，因此，在进行缩放、旋转、扭曲等变换和变形操作时不会产生锯齿，但这种类型的蒙版只能定义清晰的轮廓，无法创建类似图层蒙版那种淡入淡出的遮罩效果。在 Photoshop 中，一个图层可以同时添加一个图层蒙版和一个矢量蒙版，矢量蒙版显示为灰色底纹，并且总是位于图层蒙版之后，如图 6-35 所示。

图 6-34　　　　　　图 6-35

07 在【图层】面板中单击【创建新图层】按钮 ，将前景色的颜色值设置为 #007c69。在工具箱中单击【画笔工具】 ，在工具选项栏中选择一种柔边圆画笔，将画笔大小设置为 100，在工作区中进行涂抹，如图 6-36 所示。

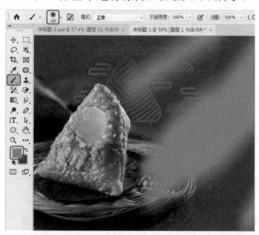

图 6-36

提示：在使用【画笔工具】进行涂抹时，可以结合工具选项栏中的【不透明度】来进行涂抹，使中间不透明，边缘模糊半透明。

08 在【图层】面板中选择【图层 1】图层，右击鼠标，在弹出的快捷菜单中选择【转换

为智能对象】命令，如图 6-37 所示。

图 6-37

09 在菜单栏中选择【滤镜】|【模糊】|【动感模糊】命令，在弹出的对话框中将【角度】、【距离】分别设置为 90 度、127 像素，如图 6-38 所示。

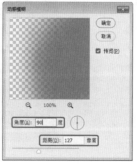

图 6-38

10 设置完成后，单击【确定】按钮，在【图层】面板中单击【添加图层蒙版】按钮 ，在工作区中进行涂抹，效果如图 6-39 所示。

图 6-39

图 6-40

11 将【粽子素材 03.png】素材文件置入文档中，在菜单栏中选择【滤镜】|【模糊画廊】|【路径模糊】命令，如图 6-40 所示。

12 在【模糊工具】面板中将【速度】、【锥度】分别设置为 54%、10%，勾选【居中模糊】复选框，将【终点速度】设置为 144 像素，勾选【编辑模糊形状】复选框，在工作区中调整模糊形状，如图 6-41 所示。

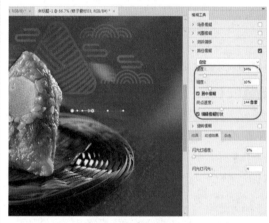

图 6-41

知识链接：路径模糊

应用【路径模糊】滤镜效果时，用户可以通过【模糊工具】面板设置【路径模糊】下的各项参数，如图 6-42 所示。

◎ 【速度】：调整速度滑块，以指定要应用于图像的路径模糊量。【速度】设置将应用于图像中的所有路径模糊，如图 6-43 所示为将【速度】设置为 20% 与 80% 时的效果。

图 6-42

图 6-43

◎ 【锥度】：调整滑块指定锥度值。较高的值会使模糊逐渐减弱，如图 6-44 所示为将【锥度】设置为 5% 与 100% 时的效果。

图 6-44

◎ 【居中模糊】：该选项可通过以任何像素的模糊形状为中心创建稳定模糊。

◎ 【终点速度】：该参数用于指定要应用于图像的终点路径模糊量。

◎ 【编辑模糊形状】：勾选该复选框后，可以对模糊形状进行编辑。

在应用【路径模糊】与【旋转模糊】滤镜效果时，可以在【动感效果】面板中进行相应的设置。【动感效果】面板如图 6-45 所示，其中各个选项的功能如下。

◎ 【闪光灯强度】：确定闪光灯闪光曝光之间的模糊量。闪光灯强度控制环境光和虚拟闪光灯之间的平衡，如图 6-46 所示为将【闪光灯强度】分别设置为 0%、100% 时的效果。

◎ 【闪光灯闪光】：设置虚拟闪光灯闪光曝光次数。

图 6-45   图 6-46

13 设置完成后，按 Enter 键确认，在工作区中对【粽子素材 03】进行复制，并调整复制后素材的角度、大小与位置，如图 6-47 所示。

14 在工具箱中单击【钢笔工具】 ，在工具选项栏中将【工具模式】设置为【形状】，将【填充】设置为 #e9c096，将【描边】设置为无，在工作区中绘制如图 6-48 所示的图形。

图 6-47

图 6-48

■ 6.2.2 制作粽子包装标题

本节将介绍如何制作粽子包装标题，主要利用【矩形工具】、【椭圆工具】制作标题背景，然后为绘制的图形添加【投影】效果，最后输入文字即可。

01 在工具箱中单击【矩形工具】，在工具选项栏中将【工具模式】设置为【形状】，在工作区中绘制一个矩形，在【属性】面板中将【W】、【H】分别设置为 270 像素、587 像素，将【填充】设置为 #00483d，将【描边】设置为 #d1a278，将【描边宽度】设置为 6 点，如图 6-49 所示。

图 6-49

02 在工具箱中单击【椭圆工具】，在工具选项栏中单击【路径操作】按钮，在弹出的

下拉列表中选择【减去顶层形状】命令，在工作区中绘制四个圆形，效果如图 6-50 所示。

图 6-50

03 在【图层】面板中双击【矩形 1】图层，在弹出的对话框中勾选【投影】复选框，将【混合模式】设置为【正片叠底】，将【阴影颜色】设置为 #0c0203，将【不透明度】设置为 41%，取消勾选【使用全局光】复选框，将【角度】设置为 90 度，将【距离】、【扩展】、【大小】分别设置为 14 像素、0%、18 像素，如图 6-51 所示。

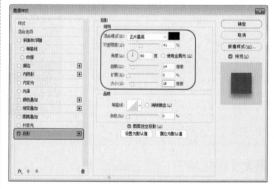

图 6-51

04 设置完成后，单击【确定】按钮，在工具箱中单击【直排文字工具】，在工作区中输入文本。选中输入的文本，在【字符】面板中将【字体】设置为【方正启笛繁体】，将【字体大小】设置为 150 点，将【字符间距】设置为 -115，将【水平缩放】设置为 115%，将【颜色】设置为白色，如图 6-52 所示。

图 6-52

05 在【图层】面板中双击【粽香情】文字图层，在弹出的对话框中勾选【投影】复选框，将【混合模式】设置为【正片叠底】，将【阴影颜色】设置为#225730，将【不透明度】设置为65%，取消勾选【使用全局光】复选框，将【角度】设置为90度，将【距离】、【扩展】、【大小】分别设置为4像素、0%、8像素，如图6-53所示。

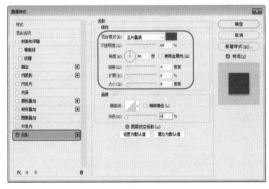

图 6-53

06 设置完成后，单击【确定】按钮，在【图层】面板中单击【创建新图层】按钮，将前景色的颜色值设置为#b1a1a。在工具箱中单击【画笔工具】，在【画笔】面板中选择【Kyle的终极粉彩派对】，将【大小】设置为29像素，在工作区中进行绘制，如图6-54所示。

07 在工具箱中单击【直排文字工具】，在工作区中输入文本。选中输入的文本，在【字符】面板中将【字体】设置为【经典繁印篆】，

将【字体大小】设置为 12 点，将【字符间距】设置为 0，将【颜色】设置为白色，如图 6-55 所示。

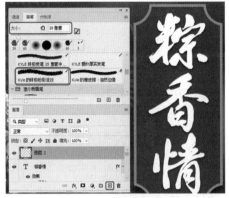

图 6-54

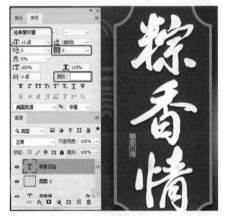

图 6-55

08 在工具箱中单击【椭圆工具】，在工作区中绘制一个圆形，在【属性】面板中将【W】、【H】均设置为 47 像素，将【填充】设置为#a61224，将【描边】设置为无，如图 6-56 所示。

图 6-56

09 对绘制的圆形进行复制。在工具箱中单击【横排文字工具】，在工作区中输入文本。选中输入的文本，在【字符】面板中将【字体】设置为【方正粗黑宋简体】，将【字体大小】设置为 22 点，将【字符间距】设置为 820，将【水平缩放】设置为 100%，将【颜色】设置为白色，如图 6-57 所示。

图 6-57

10 根据前面所介绍的方法绘制其他图形，并输入相应的文字内容，效果如图 6-58 所示。

图 6-58

LESSON 课后项目 练习

茶叶包装封面设计

某茶叶品牌要设计一款茶叶包装的封面，要求简洁大方，富有层次感，画面要干净整洁并富有设计感。

1. 课后项目练习效果展示

效果如图 6-59 所示。

图 6-59

2. 课后项目练习过程概要

（1）置入素材文件，将素材文件进行合并，利用【消失点】滤镜修饰素材中的瑕疵。

（2）利用【钢笔工具】、【矩形工具】绘制茶叶标题背景，并输入相应的文字内容。

素材	素材 \Cha06\ 茶叶素材 01.jpg、茶叶素材 02.png
场景	场景 \Cha06\ 茶叶包装封面设计 .psd
视频	视频教学 \Cha06\ 茶叶包装封面设计 .mp4

01 按 Ctrl+O 组合键，在弹出的对话框中选择【素材 \Cha06\ 茶叶素材 01.jpg】素材文件，单击【打开】按钮，如图 6-60 所示。

图 6-60

02 将【茶叶素材 02.png】素材文件置入文档中，并调整其位置。在【图层】面板中选择

【茶叶素材 02】图层，右击鼠标，在弹出的快捷菜单中选择【向下合并】命令，如图 6-61 所示。

图 6-61

知识链接：合并图层

合并图层是指将所有选中的图层合并成一个图层。

（1）向下合并图层

如果要将一个图层与它下面的图层合并，可以选择该图层，然后在菜单栏中选择【图层】|【向下合并】命令，或按 Ctrl+E 组合键，合并后的图层将使用合并前位于下面的图层的名称，如图 6-62 所示。也可以在图层名称右侧空白处单击鼠标右键，在弹出的快捷菜单中选择【向下合并】命令。

【合并图层】命令可以合并相邻的图层，也可以合并不相邻的多个图层，而【向下合并】命令只能合并两个相邻的图层。

（2）合并可见图层

如果要合并【图层】面板中所有的可见图层，可在菜单栏中选择【图层】|【合并可见图层】命令，或按 Shift+Ctrl+E 组合键。如果背景图层为显示状态，则这些图层将合并到背景图层中，如图 6-63 所示；如果背景图层被隐藏，则合并后的图层将使用合并前被选择的图层的名称。也可以在图层名称右侧空白处单击鼠标右键，在弹出的快捷菜单中选择【合并可见图层】命令。

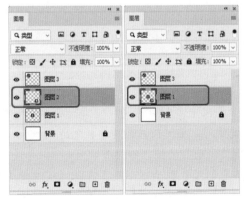
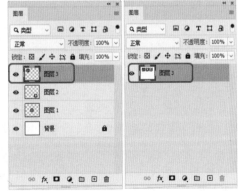

图 6-62　　　　　　图 6-63

（3）拼合图像

在菜单栏中选择【图层】|【拼合图像】命令，可以将所有的图层都拼合到背景图层中，图层中的透明区域会以白色填充。如果文档中有隐藏的图层，则会弹出提示信息，单击【确定】按钮可以拼合图层，并删除隐藏的图层；单击【取消】按钮则取消拼合操作，如图 6-64 所示。

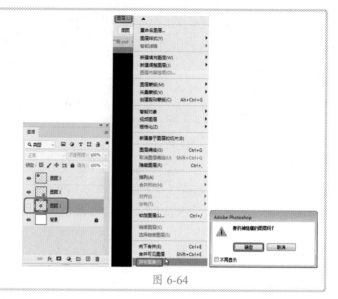

图 6-64

03 在菜单栏中选择【滤镜】|【消失点】命令，如图 6-65 所示。

图 6-65

04 在弹出的【消失点】对话框中单击【创建平面工具】按钮 ，在图像上多次单击鼠标，

创建平面。然后再单击【选框工具】 ，将【修复】设置为【开】，在图像上绘制一个选框，按住 Alt 键拖动创建的选区，释放鼠标后，即可修复画面中的瑕疵，如图 6-66 所示。

图 6-66

知识链接：消失点

【消失点】是一个特殊的滤镜，它可以在包含透视平面（如建筑物侧面或任何矩形对象）的图像中进行透视校正编辑。使用【消失点】滤镜时，首先要在图像中指定透视平面，然后再进行绘画、仿制、拷贝或粘贴以及变换等操作，所有的操作都采用该透视平面来处理，Photoshop 可以确定这些编辑操作的方向，并将它们缩放到透视平面，因此，可以使编辑结果更加逼真。其中【消失点】对话框中各种工具介绍如下。

◎ 【编辑平面工具】 ：用来选择、编辑、移动平面的节点以及调整平面的大小。

◎ 【创建平面工具】▦：用来定义透视平面的四个角节点，创建了四个角节点后，可以移动、缩放平面或重新确定其形状。按住 Ctrl 键拖动平面的边节点，可以拉出一个垂直平面。

◎ 【选框工具】▣：在平面上单击并拖动鼠标可以选择图像。选择图像后，将光标移至选区内，按住 Alt 键拖动可以复制图像，按住 Ctrl 键拖动选区则可以用源图像填充该区域。

◎ 【图章工具】▲：选择该工具后，按住 Alt 键在图像中单击设置取样点，然后在其他区域单击并拖动鼠标即可复制图像。按住 Shift 键单击可以将描边扩展到上一次单击处。

◎ 【画笔工具】✎：可在图像上绘制选定的颜色。

◎ 【变换工具】▦：使用该工具时，可以通过移动定界框的控制点来缩放、旋转和移动浮动选区，类似于在矩形选区上使用【自由变换】命令。

◎ 【吸管工具】✐：可拾取图像中的颜色作为画笔工具的绘画颜色。

◎ 【测量工具】▭：可在平面中测量项目的距离和角度。

◎ 【抓手工具】✋：放大图像的显示比例后，使用该工具可在窗口内移动图像。

◎ 【缩放工具】🔍：在图像上单击，可放大图像的视图；按住 Alt 键单击，则缩小视图。

05 设置完成后，单击【确定】按钮。在工具箱中单击【矩形工具】▭，在工作区中绘制一个矩形，在【属性】面板中将【W】、【H】分别设置为 418 像素、871 像素，将【填充】设置为 #3e7035，将【描边】设置为无，如图 6-67 所示。

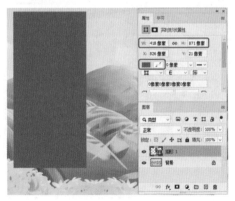

图 6-67

06 继续使用【矩形工具】在工作区中绘制一个矩形，在【属性】面板中将【W】、【H】分别设置为 362 像素、744 像素，将【填充】设置为无，将【描边】设置为白色，将【描边宽度】设置为 3 像素，如图 6-68 所示。

07 继续使用【矩形工具】，在工具选项栏中单击【路径操作】按钮，在弹出的下拉列

表中选择【减去顶层形状】命令，在工作区中绘制多个矩形，如图 6-69 所示。

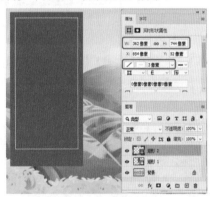

图 6-68

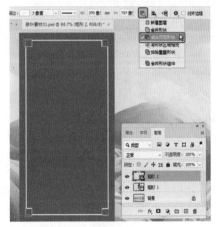

图 6-69

08 在工具箱中单击【矩形工具】，在工具选项栏中单击【路径操作】按钮，在弹出的下拉列表中选择【新建图层】命令，在工作区中绘制多个矩形，并对绘制的矩形进行复制，效果如图 6-70 所示。

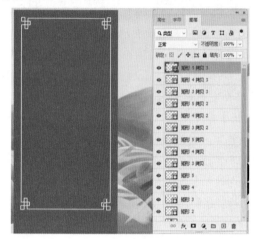

图 6-70

09 在工具箱中单击【直排文字工具】 IT.，在工作区中输入文本。选中输入的文本，在【字符】面板中将【字体】设置为【电影海报字体】，将【字体大小】设置为 93 点，将【字符间距】设置为 -105，将【颜色】设置为白色，如图 6-71 所示。

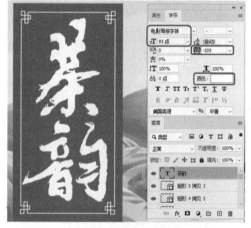

图 6-71

10 将前景色的颜色值设置为 #c90202，在工具箱中单击【画笔工具】 ，在【画笔】面板中选择【Kyle 的终极粉彩派对】，将【大小】设置为 29 像素，在【图层】面板中单击【创

建新图层】按钮 ，在工作区中进行涂抹，如图 6-72 所示。

图 6-72

11 在工具箱中单击【直排文字工具】 IT.，在工作区中输入文本。选中输入的文本，在【字符】面板中将【字体】设置为【电影海报字体】，将【字体大小】设置为 9 点，将【字符间距】设置为 -50，将【颜色】设置为白色，如图 6-73 所示。

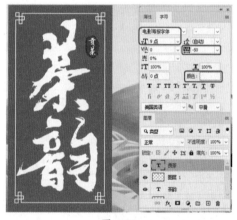

图 6-73

12 在工具箱中单击【钢笔工具】 ，在工具选项栏中将【填充】设置为 #a3c345，将【描边】设置为无，在工作区中绘制如图 6-74 所示的图形。

13 再次使用【钢笔工具】 在工作区中绘制如图 6-75 所示的图形，在工具选项栏中将【填充】设置为无，将【描边】设置为 #a3c345，将【描边宽度】设置为 3 像素。

图 6-74

图 6-75

14 在工具箱中单击【横排文字工具】 **T.**，在工作区中输入文本。选中输入的文本，在【字符】面板中将【字体】设置为【Adobe 黑体 Std】，将【字体大小】设置为 9 点，将【字符间距】设置为 57，将【颜色】设置为白色，如图 6-76 所示。

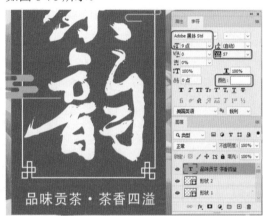

图 6-76

第 07 章
宣传折页设计

本章导读：

　　折页的封面及封底要抓住商品的特点，以定位的方式、艺术的表现吸引消费者，而内页的设计要做到图文并茂；封面形象色彩强烈而醒目，内页色彩相对柔和便于阅读。对于复杂的图文，要求讲究排列的秩序性，并突出重点。封面、内页要形成形式、内容的连贯性和整体性，统一风格气氛，围绕一个主题展开设计。

7.1 企业宣传折页设计

为了更好地完成本设计案例，现对制作要求及设计内容做如下规划，效果如图 7-1 所示。

作品名称	企业宣传折页设计
作品尺寸	1713px×1240px
设计创意	（1）通过【钢笔工具】与【矩形工具】制作出企业折页的背景效果 （2）通过置入素材文件，创建剪贴蒙版美化折页，使用【横排文字工具】制作折页的内容。
主要元素	（1）企业背景。 （2）文字效果。
应用软件	Photoshop 2020
素材	素材 \Cha07\ 企业素材 01.jpg、企业素材 02.png、企业素材 03.jpg、企业素材 04.png、企业素材 05.jpg、企业素材 06.jpg、企业素材 07.png
场景	场景 \Cha07\7.1　企业宣传折页设计 .psd
视频	视频教学 \Cha07\7.1.1　企业折页背景与企业文化设计 .mp4 视频教学 \Cha07\7.1.2　企业折页内容区域设计 .mp4
企业宣传折页效果欣赏	图 7-1

7.1.1 企业折页背景与企业文化设计

下面通过导入素材文件制作出界面背景部分，然后使用【矩形工具】和【文字工具】完善效果。

01 按 Ctrl+N 组合键，弹出【新建文档】对话框，将【宽度】、【高度】分别设置为 1713 像素、1240 像素，【分辨率】设置为 150 像素 / 英寸，【颜色模式】设置为【RGB 颜色 /8 位】，将背景颜色设置为白色，单击【创建】按钮。在工具箱中单击【矩形工具】，在工作区中绘制图形，将【工具模式】设置为【形状】，将【填充】的 RGB 值设置为 224、223、222，将【描边】设置为无，设置完成后调整矩形位置，如图 7-2 所示。

02 在菜单栏中选择【文件】|【置入嵌入对象】命令，弹出【置入嵌入的对象】对话框，选择【素材 \Cha07\ 企业素材 01.jpg】素材文件，单击【置入】按钮，对素材进行调整。在图层上单击鼠标右键，在弹出的快捷菜单中选择【创建剪贴蒙版】命令，创建剪贴蒙版后的效果如图 7-3 所示。

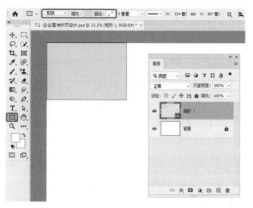

图 7-2

图 7-3

03 在菜单栏中选择【文件】|【置入嵌入对象】命令，弹出【置入嵌入的对象】对话框，选择【素材\Cha07\企业素材02.png】素材文件，单击【置入】按钮，对素材进行调整，在【图层】面板中将【不透明度】设置为30%，如图7-4所示。

图 7-4

04 在工具箱中单击【钢笔工具】，将【工具模式】设置为【形状】，将【填充】

的 RGB 值设置为 36、46、51，将【描边】设置为无，绘制如图 7-5 所示的图形。

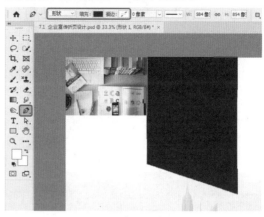

图 7-5

05 在工具箱中单击【横排文字工具】，在工作区中输入文本【企业文化】，在【字符】面板中将【字体】设置为【方正大黑简体】，将【字体大小】设置为55点，将【字符间距】设置为40，将【垂直缩放】、【水平缩放】均设置为49%，将【颜色】设置为白色，如图7-6所示。

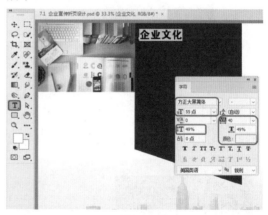

图 7-6

06 使用同样的方法输入文本【corporate culture】，在【字符】面板中将【字体】设置为【方正大黑简体】，将【字体大小】设置为35点，将【字符间距】设置为0，将【垂直缩放】、【水平缩放】均设置为49%，将【颜色】的RGB值设置为129、178、64，单击【全部大写字母】按钮。使用同样的方法输入其他文字，参考图7-7所示进行设置。

图 7-7

07 在工具箱中单击【椭圆工具】 ◯ ，将【工具模式】设置为【形状】，【填充】设置为白色，【描边】设置为无，在【图层】面板中将【不透明度】设置为35%，如图7-8所示。

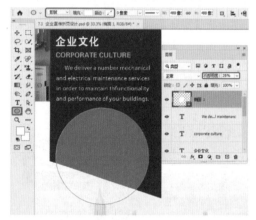

图 7-8

08 使用同样的方法绘制其他椭圆并进行设置，如图7-9所示。

图 7-9

09 双击【椭圆3】图层，弹出【图层样式】

对话框，勾选【内阴影】复选框，将【混合模式】设置为【正片叠底】，将【颜色】的RGB值设置为23、22、23，将【不透明度】设置为75%，将【角度】设置为90度，勾选【使用全局光】复选框，将【距离】、【阻塞】、【大小】分别设置为3像素、52%、16像素，如图7-10所示。

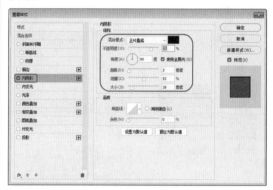

图 7-10

10 单击【确定】按钮，在菜单栏中选择【文件】|【置入嵌入对象】命令，弹出【置入嵌入的对象】对话框，选择【素材\Cha07\企业素材03.jpg】素材文件，单击【置入】按钮，在图层上单击鼠标右键，在弹出的快捷菜单中选择【创建剪贴蒙版】命令，如图7-11所示。

图 7-11

7.1.2　企业折页内容区域设计

通过【横排文字工具】制作界面内容区域，为文字填充鲜艳效果，并置入素材，通过【不透明度】对素材进行调整。

01 在工具箱中单击【横排文字工具】 T ，

在工作区中输入文本，在【字符】面板中将【字体】设置为【方正大黑简体】，将【字体大小】设置为40点，将【字符间距】设置为80，将【垂直缩放】、【水平缩放】均设置为49%，将【颜色】的 RGB 值设置为129、178、64，单击【仿粗体】、【全部大写字母】按钮，如图7-12所示。

件上，如图 7-15 所示。

图 7-14

图 7-12

02 在工具箱中单击【矩形工具】□，在工作区中绘制两个图形，将【工具模式】设置为【形状】，将【填充】的 RGB 值设置为234、173、0，将【描边】设置为无，如图7-13所示。

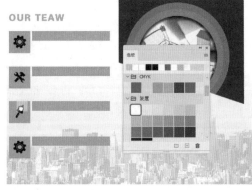

图 7-15

图 7-13

03 选中绘制的两个矩形，进行多次复制，调整复制后图形的位置。在菜单栏中选择【文件】|【置入嵌入对象】命令，弹出【置入嵌入的对象】对话框，选择【素材\Cha07\企业素材04.png】素材文件，单击【置入】按钮，对素材进行调整，如图7-14所示。

04 在【色板】面板中将白色拖曳至素材文

05 在工具箱中单击【横排文字工具】T，在工作区中输入文本【Company profile】，在【字符】面板中将【字体】设置为【Ebrima】，将【字体大小】设置为13点，将【字符间距】设置为0，将【颜色】设置为白色。使用同样的方法输入文本段落，将【字体】设置为【Adobe 黑体 Std】，将【字体大小】设置为7点，将【颜色】的 RGB 值设置为30、25、26，如图7-16所示。

图 7-16

06 使用同样的方法输入其他文字，进行相应的设置，如图 7-17 所示。

图 7-17

07 在工具箱中单击【矩形工具】，在工作区中绘制图形，在【属性】面板中将【W】、【H】分别设置为 583 像素、633 像素，将【X】、【Y】分别设置为 523 像素、607 像素，将【填充】的 RGB 值设置为 175、175、175，将【描边】设置为无，如图 7-18 所示。

图 7-18

08 在【图层】面板中将【矩形 5】调整至合适的图层下方，在菜单栏中选择【文件】|【置入嵌入对象】命令，弹出【置入嵌入的对象】对话框，选择【素材 \Cha07\ 企业素材 05.jpg】素材文件，单击【置入】按钮，对素材进行调整。在图层上单击鼠标右键，在弹出的快捷菜单中选择【创建剪贴蒙版】命令，将【不透明度】设置为 75%，如图 7-19 所示。

09 在工具箱中单击【横排文字工具】，在工作区中输入文本，在【字符】面板中将【字体】设置为【方正大黑简体】，将【字体大小】设置为 66 点，将【字符间距】设置为 40，将【垂

直缩放】、【水平缩放】均设置为 49%，将【颜色】的 RGB 值设置为 249、249、250，如图 7-20 所示。

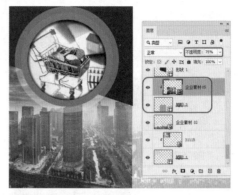

图 7-19

图 7-20

10 使用同样的方法输入文本，将【字体】设置为【方正大黑简体】，将【字体大小】设置为 37 点，将【行距】设置为 24 点，将【字符间距】设置为 0，将【垂直缩放】、【水平缩放】均设置为 49%，将【颜色】设置为白色，单击【全部大写字母】按钮。选中文本【careof your fitness】，参照图 7-21 进行设置。

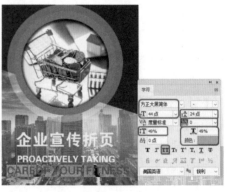

图 7-21

11 使用【矩形工具】绘制图形,将【工具模式】设置为【形状】,将【填充】的 RGB 值设置为 176、30、35,将【描边】设置为无。使用【横排文字工具】输入文本【企业简介】,在【字符】面板中将【字体】设置为【方正大黑简体】,将【字体大小】设置为 70 点,将【字符间距】设置为 40,将【垂直缩放】、【水平缩放】均设置为 49%,将【颜色】的 RGB 值设置为 249、249、250,如图 7-22 所示。

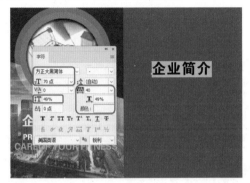

图 7-22

12 使用同样的方法输入文本,将【字体】设置为【方正大黑简体】,将【字体大小】设置为 50 点,将【字符间距】设置为 40,将【垂直缩放】、【水平缩放】均设置为 49%,将【颜色】的 RGB 值设置为 254、254、254,单击【下划线】按钮,如图 7-23 所示。

图 7-23

13 使用同样的方法输入段落文本,在【字符】面板中将【字体】设置为【Corbel】,将【字体样式】设置为【Italic】,将【字体大小】设置为 14 点,将【行距】设置为 26 点,将【字符间距】设置为 0,将【垂直缩放】、【水平缩放】均设置为 100%,将【颜色】设置为白色,取消单击【下划线】按钮,在【段落】面板中单击【居中对齐文本】按钮 ,如图 7-24 所示。

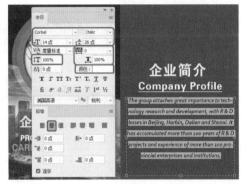

图 7-24

14 使用【矩形工具】绘制图形,将【工具模式】设置为【形状】,将【填充】的 RGB 值设置为 224、224、223,将【描边】设置为无。在菜单栏中选择【文件】|【置入嵌入对象】命令,弹出【置入嵌入的对象】对话框,选择【素材\Cha07\企业素材06.jpg】素材文件,单击【置入】按钮,对素材进行调整。在图层上单击鼠标右键,在弹出的快捷菜单中选择【创建剪贴蒙版】命令,创建剪贴蒙版后的效果如图 7-25 所示。

图 7-25

15 使用同样的方法置入【企业素材 07.png】素材文件并输入文本【联系我们】,在【字符】面板中将【字体】设置为【Adobe 黑体Std】,将【字体大小】设置为 11 点,将【字符间距】设置为 5,将【颜色】的 RGB 值设置为 49、49、49,如图 7-26 所示。

16 使用同样的方法输入其他文本并进行设置，如图 7-27 所示。

图 7-26   图 7-27

LESSON 7.2 茶叶宣传折页设计

为了更好地完成本设计案例，现对制作要求及设计内容做如下规划，效果如图 7-28 所示。

作品名称	茶叶宣传折页设计
作品尺寸	2000px×1414px
设计创意	（1）通过【矩形工具】制作出茶叶折页的背景效果。 （2）置入素材文件，并对素材进行效果设计。 （3）使用【横排文字工具】制作折页的主要内容。
主要元素	（1）茶叶背景效果。 （2）文字效果。
应用软件	Photoshop 2020
素材	素材 \Cha07\ 茶叶素材 01.png、茶叶素材 02.jpg、茶叶素材 03.png、茶叶素材 04.png、茶叶素材 05.png、茶叶素材 06.png、茶叶素材 07.png
场景	场景 \Cha07\7.2　茶叶宣传折页设计 .psd
视频	视频教学 \Cha07\7.2.1　茶叶折页页面 1.mp4 视频教学 \Cha07\7.2.2　茶叶折页其他页面 .mp4
茶叶宣传折页效果欣赏	图 7-28

7.2.1 茶叶折页页面 1

首先来制作茶叶折页页面 1。新建文档后绘制背景对象，然后输入文本，为文本添加颜色效果，再置入所需的素材文件，其具体操作步骤如下。

01 按 Ctrl+N 组合键，弹出【新建文档】对话框，将【宽度】、【高度】分别设置为 2000 像素、1414 像素，将【分辨率】设置为 72 像素 / 英寸，将【颜色模式】设置为【RGB 颜色 /8 位】，将背景颜色设置为白色，单击【创建】按钮。在工具箱中单击【矩形工具】□，在工作区中绘制图形，将【W】、【H】分别设置为 677 像素、1414 像素，将【填充】的 RGB 值设置为 160、125、77，将【描边】设置为无，如图 7-29 所示。

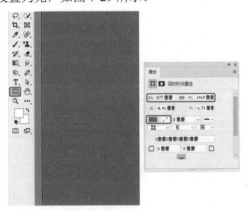

图 7-29

02 打开【图层】面板，选中【矩形 1】图层，将【不透明度】设置为 23%，如图 7-30 所示。

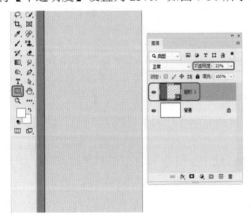

图 7-30

03 在菜单栏中选择【文件】|【置入嵌入对象】命令，弹出【置入嵌入的对象】对话框，选择【素材 \Cha07\ 茶叶素材 01.png】素材文件，单击【置入】按钮，对素材进行调整，如图 7-31 所示。

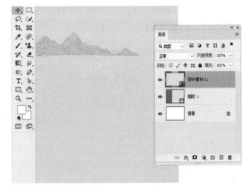

图 7-31

04 在工具箱中单击【矩形工具】□，在工作区中绘制图形，将【填充】的 RGB 值设置为 160、125、77，将【描边】设置为无，如图 7-32 所示。

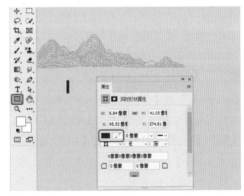

图 7-32

05 在工具箱中单击【横排文字工具】T，输入文本【茶的起源】。选中文本，在【字符】面板中，将【字体】设置为【创艺简黑体】，将【字体大小】设置为 24 点，将【字符间距】设置为 40，将【颜色】的 RGB 值设置为 85、61、48，如图 7-33 所示。

06 在工具箱中单击【横排文字工具】T，输入文本【CHADEQIYUAN】。选中文本，在【字符】面板中将【字体】设置为【Arial】，将【字体样式】设置为【Regular】，将【字体大小】

设置为16点,将【字符间距】设置为40,将【颜色】的 RGB 值设置为 85、61、48,如图 7-34 所示。

图 7-33

图 7-34

07 使用【横排文字工具】输入文本。选中文本,在【字符】面板中将【字体】设置为【微软雅黑】,将【字体大小】设置为 17 点,将【行距】设置为 34 点,将【字符间距】设置为 40,将【颜色】的 RGB 值设置为 85、61、48,如图 7-35 所示。

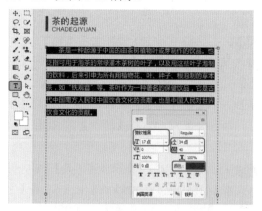

图 7-35

08 在菜单栏中选择【文件】|【置入嵌入对

象】命令,弹出【置入嵌入的对象】对话框,选择【素材 \Cha07\ 茶叶素材 02.jpg】、【茶叶素材 03.png】素材文件,单击【置入】按钮,对素材进行调整,如图 7-36 所示。

图 7-36

09 使用【横排文字工具】输入文本。选中文本,在【字符】面板中将【字体】设置为【方正综艺简体】,将【字体大小】设置为 46 点,将【字符间距】设置为 0,将【颜色】的 RGB 值设置为 85、61、48,如图 7-37 所示。

图 7-37

10 在工具箱中单击【横排文字工具】 ,输入文本并选中,在【字符】面板中将【字体】设置为【微软简综艺】,将【字体大小】设置为 24 点,将【行距】设置为 34 点,将【颜色】的 RGB 值设置为 85、61、48,如图 7-38 所示。

11 在菜单栏中选择【文件】|【置入嵌入对象】命令,弹出【置入嵌入的对象】对话框,选择【素材 \Cha07\ 茶叶素材 04.png】、【茶叶素材 05.png】素材文件,单击【置入】按钮,对

素材进行调整。选择【茶叶素材04】图层，将【混合模式】设置为【正片叠底】，如图 7-39 所示。

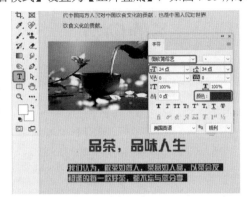

图 7-38

图 7-39

■ 7.2.2 茶叶折页其他页面

接下来讲解如何制作茶叶折页其他页面，其具体操作步骤如下。

01 根据前面的方法绘制图形，参考图 7-40 进行设置。

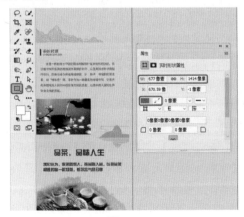

图 7-40

02 在工具箱中单击【横排文字工具】 [T.]，输入文本【茶】，在【字符】面板中，将【字体】设置为【创艺简老宋】，将【字体大小】设置为 60 点，将【颜色】的 RGB 值设置为 0、109、51。使用同样的方法输入文本【的】，将【颜色】的 RGB 值设置为 93、7、12，如图 7-41 所示。

图 7-41

03 在工具箱中单击【椭圆工具】，绘制两个椭圆，在【属性】面板中将【W】、【H】均设置为 56 像素，将【填充】的 RGB 值设置为 92、7、12，将【描边】设置为无，设置完成后调整位置，如图 7-42 所示。

图 7-42

04 在工具箱中单击【横排文字工具】，输入文本【功效】，在【字符】面板中将【字体】设置为【创艺简老宋】，将【字体大小】设置为 43 点，将【字符间距】设置为 300，将【颜色】设置为白色，如图 7-43 所示。

图 7-43

05 在工具箱中单击【横排文字工具】，输入文本【◎ THE EFFECT OF TEA】，在【字符】面板中将【字体】设置为【方正美黑简体】，将【字体大小】设置为 34 点，将【字符间距】设置为 0，将【颜色】的 RGB 值设置为 93、7、12，如图 7-44 所示。

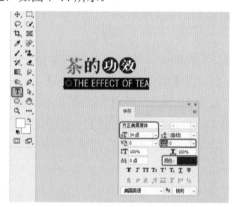

图 7-44

06 在工具箱中单击【矩形工具】 □，在工作区中绘制矩形，在【属性】面板中，将【W】、【H】分别设置为 131 像素、30 像素，将【颜色】的 RGB 值设置为 93、7、12，如图 7-45 所示。

07 在工具箱中单击【横排文字工具】，输入文本【软化血管】，在【字符】面板中将【字体】设置为【汉仪粗宋简】，将【字体大小】设置为 22 点，将【字符间距】设置为 -60，将【颜色】的 RGB 值设置为白色，如图 7-46 所示。

08 使用【横排文字工具】输入文本，在【字符】面板中将【字体】设置为【华文细黑】，将【字体大小】设置为 16 点，将【字符间距】设

置为 -40，将【颜色】的 RGB 值设置为 34、24、21，单击【仿粗体】按钮，如图 7-47 所示。

图 7-45

图 7-46

图 7-47

09 根据前面介绍的方法绘制矩形并输入文本，参照图 7-48 进行设置。

10 在工具箱中单击【横排文字工具】，输入文本【-】，在【字符】面板中将【字体】设置为【华文细黑】，将【字体大小】设置为 17 点，将【字符间距】设置为 200，将【垂直缩放】设置为 121%，将【颜色】的 RGB 值设置为 4、0、0，取消单击【仿粗体】按钮，如图 7-49 所示。

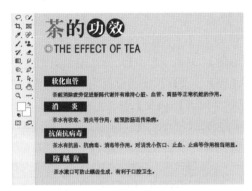

图 7-48

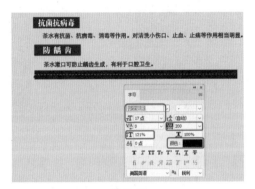

图 7-49

11 使用【横排文字工具】输入文本，在【字符】面板中将【字体】设置为【华文细黑】，将【字体大小】设置为 16 点，将【行距】设置为 31 点，将【字符间距】设置为 -40，将【垂直缩放】设置为 100%，将【颜色】的 RGB 值设置为 34、24、21，单击【仿粗体】按钮，如图 7-50 所示。

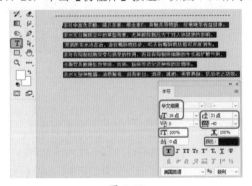

图 7-50

12 在菜单栏中选择【文件】|【置入嵌入对象】命令，弹出【置入嵌入的对象】对话框，选择【素材 \Cha07\ 茶叶素材 06.png】素材文件，单击【置入】按钮，对素材进行调整，如图 7-51 所示。

图 7-51

13 选中置入的素材，按住 Ctrl+T 组合键，单击鼠标右键，在弹出的快捷菜单中选择【水平翻转】命令，效果如图 7-52 所示。

图 7-52

14 在菜单栏中选择【文件】|【置入嵌入对象】命令，弹出【置入嵌入的对象】对话框，选择【素材 \Cha07\ 茶叶素材 07.jpg】素材文件，单击【置入】按钮，对素材进行调整，如图 7-53 所示。

图 7-53

LESSON
课后项目
练习

火锅店宣传折页正面

某火锅店需要使用宣传折页对外进行宣传与推广，以更好地吸引对美食无法抗拒的吃客，还能为吃客提供更多的优惠。

1. 课后项目练习效果展示

效果如图 7-54 所示。

图 7-54

2. 课后项目练习过程概要

（1）使用【矩形工具】绘制背景效果，然后置入素材文件。

（2）创建剪贴蒙版美化折页，再使用【横排文字工具】输入文本内容，实现火锅店宣传折页正面效果。

素材	素材 \Cha07\ 火锅素材 01.jpg、火锅素材 02.png、火锅素材 03.jpg、火锅素材 04.png、火锅素材 05.jpg
场景	场景 \Cha07\ 火锅店宣传折页正面 .psd
视频	视频教学 \Cha07\ 火锅店宣传折页正面 .mp4

01 按 Ctrl+N 组合键，弹出【新建文档】对话框，将【宽度】、【高度】分别设置为 1500 像素、1060 像素，【分辨率】设置为 300 像素 / 英寸，【颜色模式】设置为【RGB 颜色 /8 位】，背景颜色设置为白色，单击【创建】按钮。使用【矩形工具】绘制图形，将【W】、【H】分别设置为 1500 像素、720 像素，将【X】、【Y】均设置为 0 像素，将【填充】的 RGB 值设置为 146、42、70，将【描边】设置为无，如图 7-55 所示。

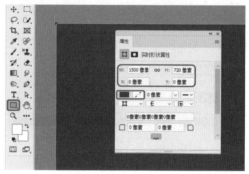

图 7-55

02 使用【矩形工具】绘制图形，在【属性】面板中将【W】、【H】分别设置为 504 像素、721 像素，将【X】、【Y】分别设置为 496 像素、0 像素，将【填充】设置为白色，将【描边】设置为无，如图 7-56 所示。

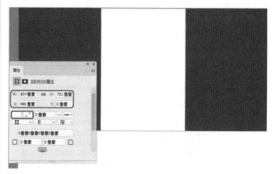

图 7-56

03 使用同样的方法绘制一个【填充】为白色、【描边】为无的矩形，置入【火锅素材 01.jpg】素材文件，适当调整素材。在【火锅素材 01】图层上单击鼠标右键，在弹出的快捷菜单中选择【创建剪贴蒙版】命令，创建剪贴蒙版后的效果如图 7-57 所示。

04 在工具箱中单击【横排文字工具】 **T.**，输入文本【重庆川味火锅】，在【字符】面板中将【字体】设置为【Adobe 黑体 Std】，将【字体大小】设置为 6 点，将【颜色】设置为白色。使用同样方法输入文本【Chongqing Sichuan hot pot】，将【字体大小】设置为 5 点，如图 7-58 所示。

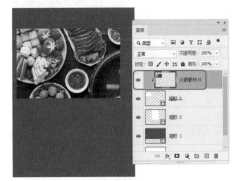

图 7-57

图 7-58

05 使用【横排文字工具】输入文本，在【字符】面板中将【字体】设置为【Adobe 黑体 Std】，将【字体大小】设置为 3.4 点，将【颜色】设置为白色，如图 7-59 所示

图 7-59

06 在菜单栏中选择【文件】|【置入嵌入对象】命令，弹出【置入嵌入的对象】对话框，选择【素材 \Cha07\ 火锅素材 02.png】素材文件，单击【置入】按钮，适当调整素材大小及位置，如图 7-60 所示。

图 7-60

07 在工具箱中单击【横排文字工具】 T，输入文本【全场 6 折起 美味享不停】，在【字符】面板中将【字体】设置为【微软雅黑】，将【字体样式】设置为【Bold】，将【字体大小】设置为 8 点，将【颜色】的 RGB 值设置为 63、41、34。选中文本【6】，将【字体大小】设置为 13 点，【颜色】的 RGB 值设置为 227、25、34，如图 7-61 所示。

图 7-61

08 在工具箱中单击【椭圆工具】 ○ 绘制图形，将【W】、【H】均设置为 439 像素，将【X】、【Y】分别设置为 1035 像素、195 像素，将【填充】的 RGB 值设置为 35、29、25，将【描边】设置为无，如图 7-62 所示。

09 置入【火锅素材 03.jpg】素材文件，适当调整，在【火锅素材 03】图层上单击鼠标右键，在弹出的快捷菜单中选择【创建剪贴蒙版】

命令，创建剪贴蒙版后的效果如图7-63所示。

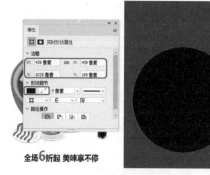

图 7-62

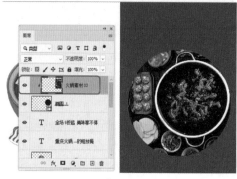

图 7-63

10 使用【矩形工具】绘制图形，将【W】、【H】设置为498像素、144像素，将【X】、【Y】设置为1005像素、336像素，【填充】的RGB值设置为146、42、70，【描边】设置为无，如图7-64所示。

图 7-64

11 在工具箱中单击【横排文字工具】 T., 输入文本【Chafing Dish】，在【字符】面板中将【字体】设置为【Adobe 黑体 Std】，将【字体大小】设置为13点，将【颜色】设置为白色，如图7-65所示。

图 7-65

12 使用同样的方法输入文本，将【字体】设置为【標楷體】，将【字体大小】设置为9点，将【行距】设置为12点，将【字符间距】设置为20，将【颜色】的RGB值设置为1、1、1，如图7-66所示。

图 7-66

13 根据前面介绍的方法绘制其他图形，并在【属性】面板中进行设置。使用【横排文字工具】输入文本，将【字体】设置为【Adobe 黑体 Std】，将【字体大小】设置为5点，将【行距】设置为【自动】，将【字符间距】设置为0，将【颜色】的RGB值设置为34、24、21，如图7-67所示。

14 在菜单栏中选择【文件】|【置入嵌入对象】命令，弹出【置入嵌入的对象】对话框，选择【素材\Cha07\火锅素材04.png】素材文件，单击【置入】按钮，将选中的素材文件置入文档中。使用【横排文字工具】输入文字，参考图7-68进行设置。

图 7-67

图 7-68

15 使用【矩形工具】绘制图形，在【属性】面板中将【W】、【H】分别设置为 499 像素、65 像素，将【X】、【Y】分别设置为 0 像素、995 像素，将【填充】的 RGB 值设置为 35、29、25，将【描边】设置为无。选中绘制的图形并进行复制，调整复制图形的位置，如图 7-69 所示。

图 7-69

16 置入【火锅素材 05.jpg】素材文件，单击【置入】按钮，将选中的素材文件置入文档中。使用【横排文字工具】输入文本，将【字体】设置为【微软雅黑】，将【字体样式】设置为【Bold】，将【字体大小】设置 8 点，将【颜

色】的 RGB 值设置为 63、41、34，如图 7-70 所示。

图 7-70

火锅店宣传折页反面

某火锅店需要火锅店宣传折页反面去影响吃客的味觉，食谱不仅能激发吃客对火锅的食欲，还能使回头客对外进行大力的推广。

1. 课后项目练习效果展示

效果如图 7-71 所示。

图 7-71

2. 课后项目练习过程概要

（1）将素材文件导入工作界面中，然后添加图层蒙版来制作菜谱部分。

（2）使用【横排文字工具】输入文本，制作出火锅折页反面效果。

素材	素材 \Cha07\ 火锅素材 06.jpg、火锅素材 07.jpg、火锅素材 08.jpg
场景	场景 \Cha07\ 火锅店宣传折页反面 .psd
视频	视频教学 \Cha07\ 火锅店宣传折页反面 .mp4

01 按 Ctrl+N 组合键，弹出【新建文档】对话框，将【宽度】、【高度】设置为 1500 像素、1060 像素，【分辨率】设置为 300 像素 / 英寸，【颜色模式】设置为【RGB 颜色 /8 位】，【背景颜色】设置为白色，单击【创建】按钮。使用【矩形工具】绘制图形，将【W】、【H】分别设置为 1500 像素、721 像素，将【X】、【Y】均设置为 0 像素，将【填充】的 RGB 值设置为 146、42、70，将【描边】设置为无，如图 7-72 所示。

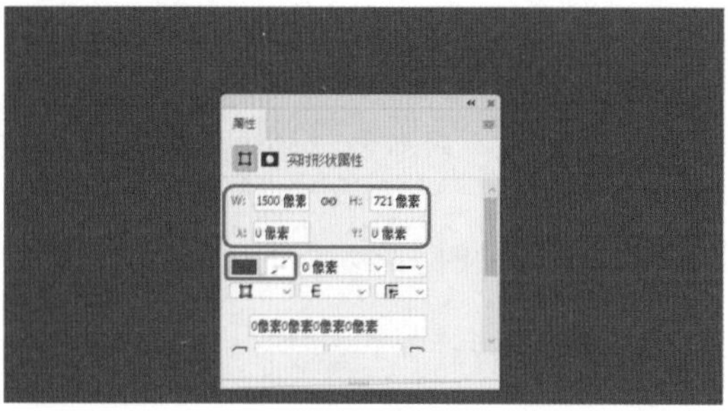

图 7-72

02 使用同样的方法绘制一个矩形，将【填充】的 RGB 值设置为 35、29、25，将【描边】设置为无。置入【火锅素材 06.jpg】素材文件，适当调整素材，在【火锅素材 06】图层上单击鼠标右键，在弹出的快捷菜单中选择【创建剪贴蒙版】命令，创建剪贴蒙版后的效果如图 7-73 所示。

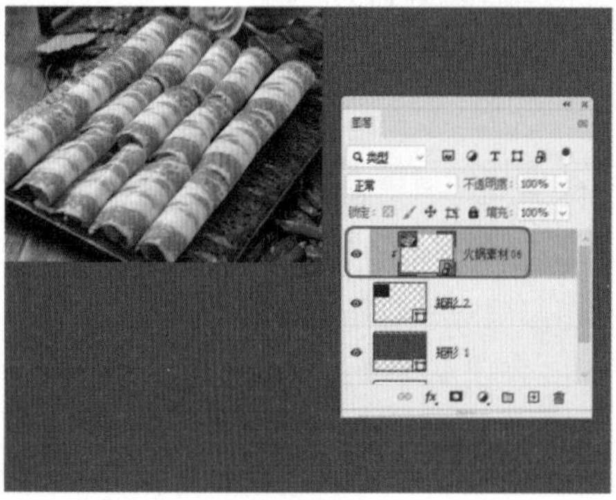

图 7-73

03 在工具箱中单击【横排文字工具】 T，在工作区输入文本，在【字符】面板中将【字体】设置为【Adobe 黑体 Std】，将【字体大小】设置为 7 点，将【颜色】的 RGB 值设置为 245、141、23，如图 7-74 所示。

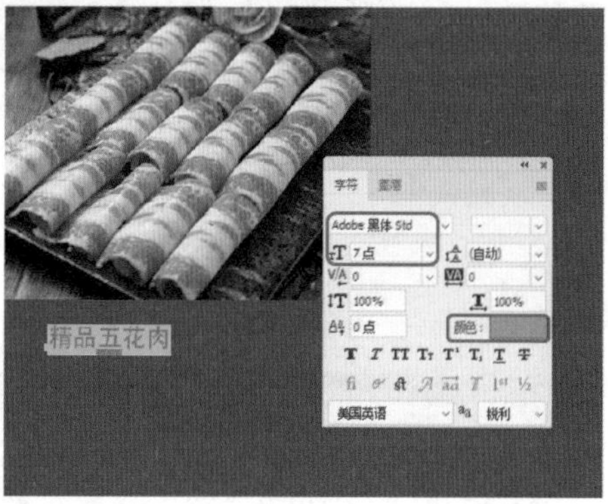

图 7-74

04 再次使用【横排文字工具】输入文本，将【字体】设置为【Adobe 黑体 Std】，将【字体大小】设置为 5 点，将【颜色】设置为白色，如图 7-75 所示。

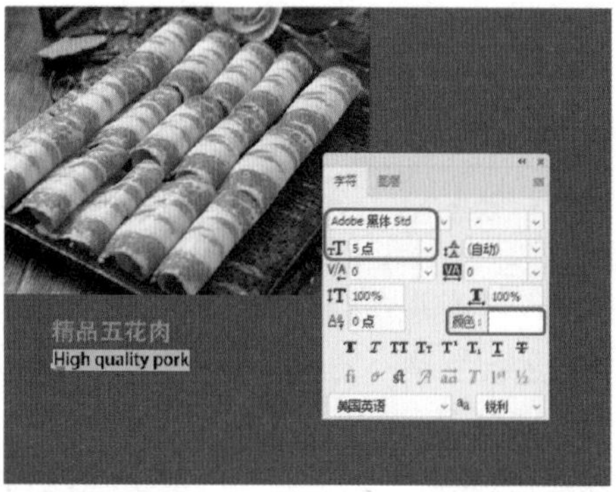

图 7-75

05 使用同样的方法输入文本，将【字体】设置为【Adobe 黑体 Std】，将【字体大小】设置为 3.4 点，将【颜色】设置为白色，如图 7-76 所示。

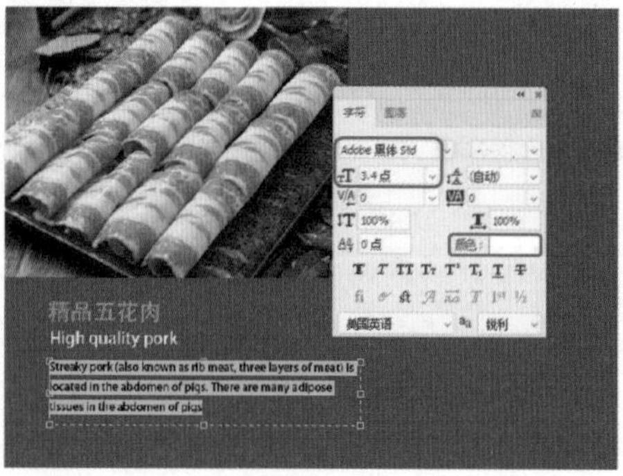

图 7-76

06 使用【横排文字工具】输入文本【¥】，将【字体】设置为【微软雅黑】，将【字体大小】设置为 10 点，将【颜色】的 RGB 值设置为 207、169、114，如图 7-77 所示。

图 7-77

07 使用【横排文字工具】输入文本【32】，将【字体】设置为【幼圆】，将【字体大小】设置为 14 点，将【颜色】的 RGB 值设置为 207、169、114，如图 7-78 所示。

图 7-78

08 使用同样的方法输入其他文本并进行相应的设置，如图 7-79 所示。

图 7-79

09 在工具箱中单击【矩形工具】，在工作区中绘制图形，在【属性】面板中将【W】、【H】分别设置为 431 像素、383 像素，将【X】、【Y】分别设置为 1042 像素、65 像素，将【填充】的 RGB 值设置为 125、0、34，将【描边】设置为无，如图 7-80 所示。

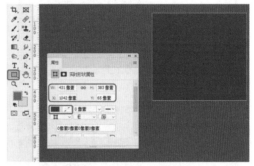

图 7-80

10 置入【火锅素材 07.jpg】素材文件，适当调整素材。在【火锅素材 07】图层上单击鼠标右键，在弹出的快捷菜单中选择【创建剪贴蒙版】命令，创建剪贴蒙版后的效果如图 7-81 所示。

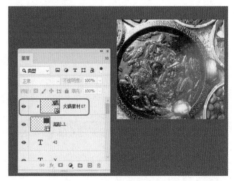

图 7-81

11 在工具箱中单击【横排文字工具】 T.，在【字符】面板中将【字体】设置为【Adobe 黑体 Std】，将【字体大小】设置为 12 点，将【颜色】设置为白色，如图 7-82 所示。

12 再次使用【横排文字工具】输入文本，将【字体】设置为【Adobe 黑体 Std】，将【字体大小】设置为 5 点，将【颜色】设置为白色，如图 7-83 所示。

13 使用同样的方法输入文本，在【字符】面板中，将【字体】设置为【微软雅黑】，将【字体大小】设置为6点,将【颜色】设置为白色,如图7-84所示。

图 7-82

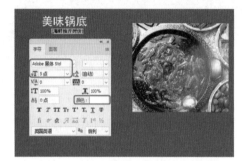

图 7-83

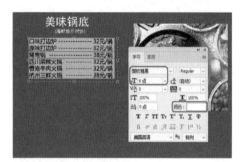

图 7-84

14 根据前面介绍的方法输入其他文本,并进行相应的设置,如图7-85所示。

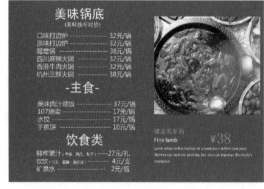

图 7-85

15 在菜单栏中选择【文件】|【置入嵌入对象】命令,弹出【置入嵌入的对象】对话框,选择【素材\Cha07\火锅素材08.jpg】素材文件,单击【置入】按钮,调整素材位置与大小。打开【图层】面板,将置入的素材拖曳至【背景】图层上方,如图7-86所示。

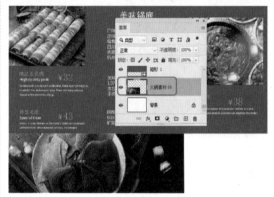

图 7-86

16 在【图层】面板中选择【火锅素材08】图层,单击【添加图层蒙版】按钮 ▢ ,如图7-87所示。

图 7-87

17 在工具箱中单击【渐变工具】按钮 ▢ ,在工具选项栏中单击【编辑渐变】按钮,弹出【渐变编辑器】对话框,将左侧颜色色标的【位置】设置为16%,【颜色】设置为黑色;在76%位置处添加一个色标,将【颜色】设置为白色;将100%位置处的色标颜色设置为黑色,如图7-88所示。

18 单击【确定】按钮,从左侧至右侧拖曳鼠标,效果如图7-89所示。

图 7-88

图 7-89

19 打开【图层】面板，选中【火锅素材08】图层右侧的图层蒙版缩览图。单击工具箱中的【画笔工具】按钮，将【画笔大小】设置为61，将【不透明度】设置为34%，将【流量】设置为90%，效果如图7-90所示。

图 7-90

20 设置完成后，对素材文件进行涂抹，效果如图7-91所示。

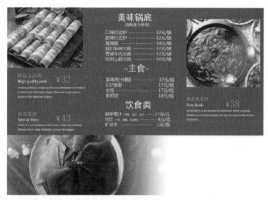

图 7-91

21 选择【火锅素材08】图层，按Ctrl+M组合键，在弹出的对话框中添加一个编辑点，将【输出】、【输入】分别设置为136、155，单击【确定】按钮，如图7-92所示。

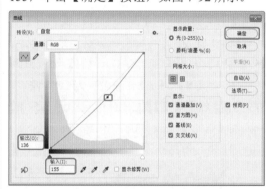

图 7-92

22 单击工具箱中的【矩形工具】，在工作区中绘制一个矩形，将【W】、【H】分别设置为450像素、63像素，将【X】、【Y】分别设置为1051像素、759像素，将【填充】的RGB值设置为35、29、25，将【描边】设置为无，如图7-93所示。

图 7-93

23 在工具箱中单击【横排文字工具】，在工作区输入文本，在【字符】面板中将【字体】设置为【Adobe 黑体 Std】，将【字体大小】设置为8点，将【颜色】设置为白色，如图7-94所示。

图 7-94

24 单击工具箱中的【椭圆工具】 ⬭ ，将【工具模式】设置为【形状】，在工作区中绘制椭圆，在【属性】面板中将【W】、【H】均设置为17像素，将【X】、【Y】分别设置为1055像素、849像素，将【填充】的RGB值设置为125、0、34，将【描边】设置为无，如图7-95所示。

图 7-95

25 使用【横排文字工具】在工作区输入文本，在【字符】面板中将【字体】设置为【Adobe 黑体 Std】，将【字体大小】设置为7点，将【颜色】的RGB值设置为146、42、70，如图7-96所示。

图 7-96

26 选中绘制的椭圆图形，按住 Alt 键拖曳鼠标复制多个图形，并调整至合适位置。根据前面介绍的方法输入其他文本，并进行相应的设置，如图7-97所示。

图 7-97

第 08 章
手机 UI 界面设计

本章导读：

UI 即 User Interface（用户界面）的简称，泛指用户的操作界面，包含移动 App、网页、智能穿戴设备界面等。UI 设计主要指界面的样式、美观程度。而使用上，对软件的人机交互、操作逻辑、界面美观的整体设计则是同样重要的另一个方面。

8.1 美食外卖 App 首页界面设计

为了更好地完成本设计案例，现对制作要求及设计内容做如下规划，美食外卖 App 首页界面效果如图 8-1 所示。

作品名称	美食外卖 App 首页界面
作品尺寸	750px×1334px
设计创意	（1）随着物流配送的不断完善，网上订餐的人越来越多，外卖 App 基本成为人人必备的 App 应用之一，所以在设计页面的时候要注重美观度的加强。 （2）通过【矩形工具】和【文字工具】制作出标题部分，置入相应的素材文件，完善 App 界面的标题效果。 （3）使用【椭圆工具】绘制圆形并设置渐变颜色，置入素材文件，制作出外卖区域的工具按钮。 （4）使用【横排文字工具】、【圆角矩形工具】制作出外卖菜品推荐区域。 （5）使用【矩形工具】绘制矩形并添加投影效果，置入美食界面图标栏的素材文件。
主要元素	（1）手机界面的状态栏。 （2）首页界面的推荐图。 （3）外卖区域的工具按钮。 （4）外卖菜品推荐区域。 （5）美食界面图标栏。
应用软件	Photoshop 2020
素材	素材 \Cha08\ 美食外卖素材 01.png~ 美食外卖素材 04.png、美食外卖素材 05.jpg、美食外卖素材 06.png、美食外卖素材 07.jpg、美食外卖素材 08.png~ 美食外卖素材 10.png、美食外卖素材 11.jpg、美食外卖素材 12.png
场景	场景 \Cha08\8.1　美食外卖 App 首页界面设计 .psd
视频	视频教学 \Cha08\8.1.1　美食外卖 App 界面的标题效果设计 .mp4 视频教学 \Cha08\8.1.2　美食外卖 App 界面的内容区域效果设计 .mp4
美食外卖 App 首页界面效果欣赏	 图 8-1

■ 8.1.1 美食外卖 App 界面的标题效果设计

下面通过【矩形工具】和【文字工具】制作出标题部分，然后通过导入素材文件完善效果。

01 按 Ctrl+N 组合键，在弹出的对话框中将【宽度】、【高度】分别设置为 750 像素、1334 像素，将【分辨率】设置为 72 像素 / 英寸，将【背景内容】设置为【自定义】，将【颜色】设置为 #f2f2f2，单击【创建】按钮。在工具箱中单击【矩形工具】□，在工具选项栏中将【工具模式】设置为【形状】，在工作区中绘制一个矩形，在【属性】面板中将【W】和【H】设置为 750 像素、144 像素，将【填充】的颜色值设置为 #f92b3f，将【描边】设置为无，如图 8-2 所示。

图 8-2

02 在菜单栏中选择【文件】|【置入嵌入对象】命令，在弹出的对话框中选择【素材\Cha08\美食外卖素材 01.png】素材文件，单击【置入】按钮，按 Enter 键完成置入，并在工作区中调整其位置，效果如图 8-3 所示。

03 使用同样的方法将【美食外卖素材 02.png】素材文件置入文档中，并调整其位置与大小。在工具箱中单击【横排文字工具】，输入文本。选中输入的文本，在【字符】面板中将【字体】设置为【微软雅黑】，将【字体大小】设置为 28 点，将【字符间距】设置为

60，将【颜色】设置为白色，效果如图 8-4 所示。

图 8-3

图 8-4

04 在工具箱中单击【圆角矩形工具】□，在工作区中绘制一个圆角矩形，在【属性】面板中将【W】和【H】设置为 556 像素、53 像素，将【填充】的颜色值设置为 #ffffff，将【描边】设置为无，将所有的【角半径】均设置为 6 像素，如图 8-5 所示。

图 8-5

提示：在使用【圆角矩形工具】创建图形时，半径只可以取值 0.00 ～ 1000.00 像素。

05 根据前面所介绍的方法，将【美食外卖素材 03.png】、【美食外卖素材 04.png】、【美食外卖素材 05.jpg】素材文件置入文档中，并调整其大小与位置，效果如图 8-6 所示。

图 8-6

06 在工具箱中单击【横排文字工具】，输入文本。选中输入的文本，在【字符】面板中将【字体】设置为【方正北魏楷书繁体】，将【字体大小】设置为 68 点，将【字符间距】设置为 200，将【颜色】设置为白色，单击【仿粗体】按钮 **T**，如图 8-7 所示。

图 8-7

07 在工具箱中单击【圆角矩形工具】，在工作区中绘制一个圆角矩形，在【属性】面板中将【W】和【H】设置为 315 像素、40 像素，将【填充】设置为无，将【描边】设置为白色，将【描边宽度】设置为 1.5 像素，将所有的【角半径】均设置为 7 像素，如图 8-8 所示。

图 8-8

08 在工具箱中单击【横排文字工具】，输入文本。选中输入的文本，在【字符】面板中将【字体】设置为【Adobe 楷体 Std】，将【字体大小】设置为 33 点，将【字符间距】设置为 0，将【颜色】设置为白色，单击【仿粗体】按钮 **T**，如图 8-9 所示。

图 8-9

09 在工具箱中单击【横排文字工具】，输入文本。选中输入的文本，在【字符】面板中将【字体】设置为【方正兰亭中黑 _GBK】，将【字体大小】设置为 18 点，将【字符间距】设置为 0，将【颜色】设置为白色，如图 8-10 所示。

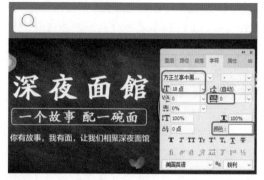

图 8-10

■ 8.1.2 美食外卖 App 界面的内容区域效果设计

通过【椭圆工具】绘制按钮，并添加图层样式，置入相应的背景图像；通过色彩和色调的调整，使其更加艳丽，然后加入相应的按钮和图标栏的素材。

01 继续上一节的操作，在工具箱中单击【矩形工具】，在工作区中绘制一个矩形，在【属性】面板中将【W】、【H】分别设置为750像素、229像素，将【填充】设置为白色，将【描边】设置为无，并调整其位置，效果如图 8-11 所示。

图 8-11

02 在工具箱中单击【椭圆工具】，在工作区中按住 Shift 键绘制一个正圆，在工具选项栏中单击【填充】右侧的按钮，在弹出的下拉面板中单击【渐变】按钮 ▨，将左侧色标的颜色值设置为#f3ad17，将右侧色标的颜色值设置为#ff9b26，如图 8-12 所示。

图 8-12

03 设置完成后，单击【确定】按钮，在【属

性】面板中将【W】、【H】均设置为108像素，并在工作区中调整其位置，效果如图 8-13 所示。

图 8-13

04 在【图层】面板中选择【椭圆 1】图层，按住鼠标左键将其拖曳至【创建新图层】按钮上，复制三次。调整复制后的圆形的位置与填色，效果如图 8-14 所示。

图 8-14

05 使用同样的方法将【美食外卖素材06.png】素材文件置入文档中，并调整其位置与大小。在工具箱中单击【横排文字工具】，输入文本。选中输入的文本，在【字符】面板中将【字体】设置为【汉标中黑体】，将【字体大小】设置为 30 点，将【字符间距】设置为 0，将【颜色】设置为#212020，效果如图 8-15 所示。

图 8-15

图 8-16

06 在工具箱中单击【矩形工具】，在工作区中绘制一个矩形，在【属性】面板中将【W】、【H】分别设置为750像素、548像素，将【填充】设置为白色，并调整其位置，效果如图8-16所示。

07 在工具箱中单击【圆角矩形工具】，在工作区中绘制一个圆角矩形，在工具选项栏中单击【填充】右侧的按钮，在弹出的下拉面板中单击【渐变】按钮 ，然后单击渐变条，在弹出的【渐变编辑器】对话框中将左侧色标的颜色值设置为#ff5968，将右侧色标的颜色值设置为#fd6c8a，如图8-17所示。

图 8-17

知识链接：矩形工具

【矩形工具】 可以用来绘制矩形，按住 Shift 键的同时拖动鼠标，可以绘制正方形；按住 Alt 键的同时拖动鼠标，可以以光标所在位置为中心绘制矩形；按住 Shift+Alt 组合键的同时拖动鼠标，可以以光标所在位置为中心绘制正方形。

选择【矩形工具】 后，在工具选项栏中单击【设置其他形状和路径选项】按钮 ，弹出如图 8-18 所示的选项面板，在其中可以选择绘制矩形的方法。

图 8-18

◎ 【不受约束】：选中该单选按钮后，可以绘制任意大小的矩形。

◎ 【方形】：选中该单选按钮后，只能绘制任意大小的正方形。

◎ 【固定大小】：选中该单选按钮后，然后在右侧的文本框中输入要创建的矩形的固定宽度和固定高度，输入完成后，则会按照输入的宽度和高度来创建矩形。

◎ 【比例】：选中该单选按钮后，然后在右侧的文本框中输入相对宽度和相对高度的值，此后无论绘制多大的矩形，都会按照此比例进行绘制。

◎ 【从中心】：勾选该复选框后，无论以任何方式绘制矩形，都将以光标所在位置为矩形的中心向外扩展绘制矩形。

08 设置完成后,单击【确定】按钮,在【属性】面板中将【W】、【H】分别设置为70像素、10像素,将所有的【角半径】均设置为4.5像素,效果如图8-19所示。

图 8-19

09 在工具箱中单击【横排文字工具】,在工作区中输入文本。选中输入的文本,在【字符】面板中将【字体】设置为【汉标中黑体】,将【字体大小】设置为36点,将【字符间距】设置为-25,将【颜色】的颜色值设置为#333030,单击【仿粗体】按钮**T**,效果如图8-20所示。

图 8-20

10 使用【横排文字工具】在工作区中输入其他文本,并进行相应的设置,效果如图8-21所示。

11 在工具箱中单击【圆角矩形工具】,在工作区中绘制一个圆角矩形,在【属性】面板中将【W】、【H】分别设置为330像素、372像素,将【填充】设置为白色,将所有的【角半径】均设置为10像素,效果如图8-22所示。

图 8-21

图 8-22

12 在【图层】面板中双击【圆角矩形4】图层,在弹出的对话框中勾选【投影】复选框,将【混合模式】设置为【正片叠底】,将【阴影颜色】设置为#040000,将【不透明度】设置为17%,取消勾选【使用全局光】复选框,将【角度】设置为90度,将【距离】、【扩展】、【大小】分别设置为6像素、0%、27像素,如图8-23所示。

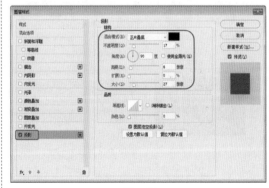

图 8-23

13 设置完成后，单击【确定】按钮，在工具箱中单击【圆角矩形工具】，在工作区中绘制一个圆角矩形，在【属性】面板中将【W】、【H】分别设置为 330 像素、247 像素，为其填充任意一种颜色，取消【角半径】的链接，将【左上角半径】、【右上角半径】、【左下角半径】、【右下角半径】分别设置为 8 像素、8 像素、0 像素、0 像素，如图 8-24 所示。

图 8-24

14 在菜单栏中选择【文件】|【置入嵌入对象】命令，在弹出的对话框中选择【素材\Cha08\美食外卖素材 07.jpg】素材文件，单击【置入】按钮，按 Enter 键完成置入，并在工作区中调整其位置。在【图层】面板中选择【美食外卖素材 07】图层，右击鼠标，在弹出的快捷菜单中选择【创建剪贴蒙版】命令，效果如图 8-25 所示。

图 8-25

15 根据前面所介绍的方法输入其他文本，将【美食外卖素材 08.png】、【美食外卖素材 09.png】、【美食外卖素材 10.png】素材文件置入文档中，并调整其大小与位置，效果如图 8-26 所示。

图 8-26

16 将制作完成后的内容进行复制，并对素材与文字进行修改，效果如图 8-27 所示。

图 8-27

17 使用同样的方法对如图 8-28 所示的对象进行复制。

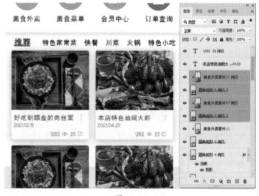

图 8-28

18 在【图层】面板中选择最上方的图层，在工具箱中单击【矩形工具】，在工作区中绘制一个矩形，在【属性】面板中将【W】、【H】分别设置为750像素、90像素，将【填充】设置为白色，并在工作区中调整其位置，效果如图 8-29 所示。

图 8-29

19 在【图层】面板中双击【矩形 4】图层，在弹出的对话框中勾选【投影】复选框，将【混合模式】设置为【正片叠底】，将【阴影颜色】设置为 #000000，将【不透明度】设置为50%，取消勾选【使用全局光】复选框，将【角度】设置为90度，将【距离】、【扩展】、【大小】分别设置为2像素、0%、10像素，设置完成后，单击【确定】按钮。根据前面所介绍的方法将【美食外卖素材 12.png】素材文件置入文档中，效果如图 8-30 所示。

图 8-30

LESSON 8.2 抽奖活动 UI 界面设计

为了更好地完成本设计案例，现对制作要求及设计内容做如下规划，抽奖活动 UI 界面效果如图 8-31 所示。

作品名称	抽奖活动 UI 界面
作品尺寸	750px×1334px
设计创意	（1）在设计 UI 时，保持界面风格的一致性是整个应用设计中很重要的环节，一致的风格不会让用户有错愕感。 （2）绘制装饰背景对象，置入所需的素材文件，设置对象的曲线效果，制作出抽奖转盘的背景。 （3）通过【椭圆工具】、【钢笔工具】制作出抽奖转盘，通过【横排文字工具】制作抽奖内容。 （4）通过【横排文字工具】制作出抽奖规则。
主要元素	（1）抽奖背景装饰。 （2）鱼元素。 （3）中国结元素。 （4）抽奖转盘。 （5）抽奖规则。
应用软件	Photoshop 2020
素材	素材 \Cha08\ 抽奖素材 01.png~ 抽奖素材 06.png

（续表）

场景	场景 \Cha08\8.2　抽奖活动 UI 界面设计 .psd
视频	视频教学 \Cha08\8.2.1　抽奖活动背景设计 .mp4 视频教学 \Cha08\8.2.2　抽奖活动转盘设计 .mp4 视频教学 \Cha08\8.2.3　抽奖活动规则设计 .mp4
抽奖活动 UI 界面效 果欣赏	图 8-31

■ 8.2.1　抽奖活动背景设计

　　首先来制作抽奖活动的背景界面，包括新建文档后绘制装饰背景对象，置入所需的素材文件，设置对象的曲线效果，调整背景界面的亮度，其具体操作步骤如下。

01 新建一个【宽度】为 750 像素、【高度】为 1334 像素、【分辨率】为 72 像素 / 英寸、【背景颜色】为 #e71c1b 的文档，在工具箱中单击【钢笔工具】，在工作区中绘制图形，将【填充】设置为 #b40303，将【描边】设置为无，如图 8-32 所示。

02 双击【形状 1】图层，弹出【图层样式】对话框，勾选【外发光】复选框，将【混合模式】设置为【正片叠底】，将【不透明度】、【杂色】设置为 75%、0%，将【发光颜色】设置

为 #590202，将【方法】设置为【柔和】，将【扩展】、【大小】设置为 0%、141 像素，将【范围】、【抖动】设置为 43%、0%，如图 8-33 所示。

图 8-32

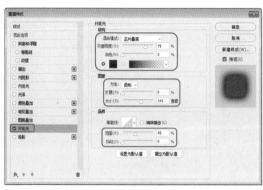

图 8-33

03 单击【确定】按钮，在菜单栏中选择【文件】|【置入嵌入对象】命令，在弹出的对话框中选择【素材\Cha08\抽奖素材01.png】素材文件，单击【置入】按钮，按Enter键完成置入，并在工作区中调整其位置，如图8-34所示。

图 8-34

04 使用同样的方法置入【素材\Cha08\抽奖素材02.png】素材文件，并调整对象的大小及位置，效果如图8-35所示。

图 8-35

05 在工具箱中单击【钢笔工具】，在工作区中绘制如图8-36所示的对象，在工具选项栏中将【填充】设置为无，将【描边】设置为#f4d991，将【描边宽度】设置为2像素，效果如图8-36所示。

图 8-36

06 将绘制的线段复制并调整对象的位置，分别置入【素材\Cha08\抽奖素材03.png】、【抽奖素材04.png】、【抽奖素材05.png】素材文件，并进行相应的调整，如图8-37所示。

图 8-37

07 选择除【背景】图层之外的图层，按住鼠标左键将其拖曳至【创建新组】按钮上，将组名称更改为【抽奖活动背景】，如图8-38所示。

08 按Ctrl+Alt+E组合键，此时系统自动合并图层，将【抽奖活动背景】组隐藏，如图8-39所示。

图 8-38　　　　　　　图 8-39

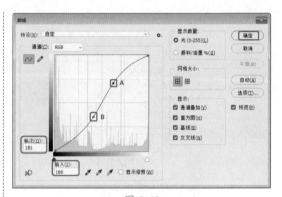

图 8-40

图 8-41

09 选中合并后的图层，按 Ctrl+M 组合键，弹出【曲线】对话框，将 A 点的【输出】、【输入】设置为 181、160，将 B 点的【输出】、【输入】设置为 91、105，单击【确定】按钮，如图 8-40 所示。

10 调整曲线亮度后的效果如图 8-41 所示。

知识链接：曲线相关参数介绍

【曲线】对话框中各选项介绍如下。

◎ 【预设】：该下拉列表中包含了 Photoshop 提供的预设文件，如图 8-42 所示。当选择【默认值】时，可通过拖动曲线来调整图像；选择其他选项时，则可以使用预设文件调整图像。

◎ 【预设选项】[⚙]：单击该按钮，弹出一个下拉列表，用户可以在其中选择存储预设或载入预设，如图 8-43 所示。

图 8-42

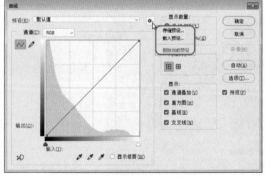

图 8-43

» 选择【存储预设】命令，可以将当前的调整状态保存为一个预设文件，在对其他图像应用相同的调整时，可以在【预设】下拉列表中选择存储的预设文件效果。

» 选择【载入预设】命令，可以使用载入的预设文件自动调整图像。

» 选择【删除当前预设】命令，则删除存储的预设文件。

◎ 【通道】：在该选项的下拉列表中可以选择一个需要调整的通道。

◎ 【编辑点以修改曲线】 [图]：按下该按钮后，在曲线中单击可添加新的编辑点，拖动编辑点改变曲线形状即可对图像做出调整。

◎ 【通过绘制来修改曲线】 [图]：单击该按钮，可在对话框内绘制手绘效果的自由形状曲线，如图 8-44 所示。绘制自由曲线后，单击对话框中的【编辑点以修改曲线】按钮 [图]，可在曲线上显示编辑点，如图 8-45 所示。

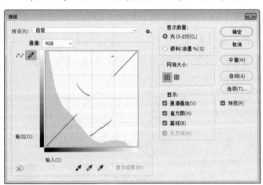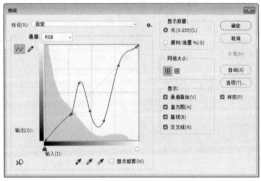

图 8-44　　　　　　　　　　　　　　　　图 8-45

◎ 【平滑】按钮：用【通过绘制来修改曲线】工具 [图] 绘制曲线后，单击该按钮，可对曲线进行平滑处理。

◎ 【输入 / 输出】：【输入】显示了调整前的像素值，【输出】显示了调整后的像素值。

◎ 【高光 / 中间调 / 阴影】：移动曲线顶部的点可以调整图像的高光区域；拖动曲线中间的点可以调整图像的中间调；拖动曲线底部的点可以调整图像的阴影区域。

◎ 【黑场 / 灰点 / 白场】：这几个工具和选项与【色阶】对话框中相应工具的作用相同，在此就不再赘述了。

◎ 【选项】按钮：单击该按钮，会弹出【自动颜色校正选项】对话框，如图 8-46 所示。自动颜色校正选项用来控制由【色阶】和【曲线】对话框中的【自动颜色】、【自动色阶】、【自动对比度】和【自动】选项应用的色调和颜色校正，它允许指定阴影和高光剪切百分比，并为阴影、中间调和高光指定颜色值。

图 8-46

8.2.2 抽奖活动转盘设计

接下来讲解如何制作抽奖活动转盘，其具体操作步骤如下。

01 在工具箱中单击【椭圆工具】，绘制【W】、【H】均为 631 像素的正圆，在【属性】面板中将【填充】设置为 #ffbe04，将【描边】设置为无，如图 8-47 所示。

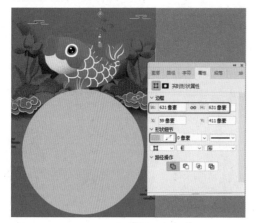

图 8-47

02 双击【椭圆1】图层，在弹出的【图层样式】对话框中勾选【描边】复选框，将【填充类型】设置为【渐变】，单击【渐变】右侧的渐变条，弹出【渐变编辑器】对话框，将左侧的色标值设置为 #e88505，将右侧的色标值设置为 #ffffff，将颜色中点的【位置】设置为 81%，单击【确定】按钮，如图 8-48 所示。

图 8-48

03 返回至【图层样式】对话框，设置【描边】选项的其他参数，参数如图 8-49 所示。

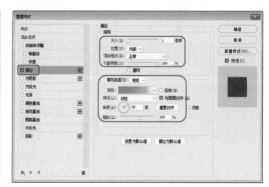

图 8-49

04 勾选【内阴影】复选框，将【混合模式】设置为【正常】，将【颜色】设置为白色，将【不透明度】设置为75%，将【角度】设置为90度，将【距离】、【阻塞】、【大小】设置为3像素、0%、4像素，如图 8-50 所示。

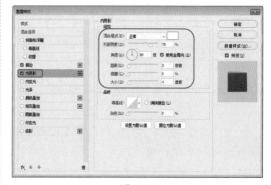

图 8-50

05 勾选【投影】复选框，将【混合模式】设置为【正片叠底】，将【阴影颜色】设置为 #e88505，将【不透明度】设置为100%，勾选【使用全局光】复选框，将【角度】设置为90度，将【距离】、【扩展】、【大小】分别设置为1像素、0%、0像素，如图 8-51 所示。

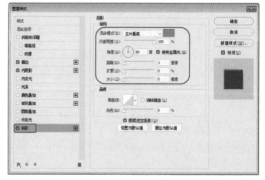

图 8-51

06 单击【确定】按钮，使用【椭圆工具】绘制【W】、【H】均为562像素的正圆，将【填充】设置为#ffbe04，将【描边】设置为#e88505，将【描边宽度】设置为1像素，如图8-52所示。

图 8-52

07 使用【钢笔工具】绘制图形，将【填充】设置为#ffeebe，将【描边】设置为无，如图8-53所示。

08 使用【钢笔工具】绘制其他图形对象，效果如图8-54所示。

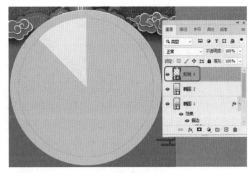

图 8-53

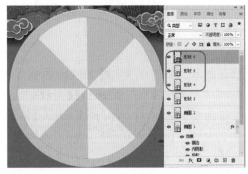

图 8-54

知识链接：转换点工具

使用【转换点工具】 ▷ 可以使锚点在角点、平滑点和转角之间进行转换。

◎ 将角点转换成平滑点：使用【转换点工具】 ▷ 在锚点上单击并拖动鼠标，即可将角点转换成平滑点，如图8-55所示。

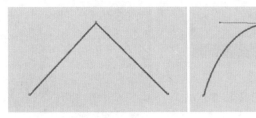

图 8-55

◎ 将平滑点转换成角点：使用【转换点工具】 ▷ 直接在锚点上单击即可，如图8-56所示。

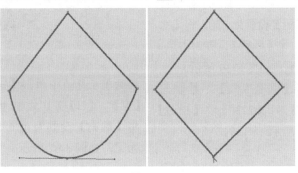

图 8-56

◎ 将平滑点转换成转角：使用【转换点工具】 ⎇ 单击方向点并拖动，更改控制点的位置
或方向线的长短即可，如图 8-57 所示。

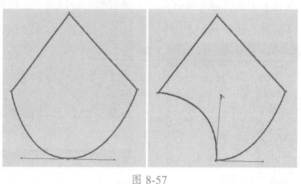

图 8-57

09 在菜单栏中选择【文件】|【置入嵌入对
象】命令，在弹出的对话框中选择【素材\Cha08
抽奖素材06.png】素材文件，单击【置入】按钮，
适当调整对象的大小及位置，效果如图 8-58
所示。

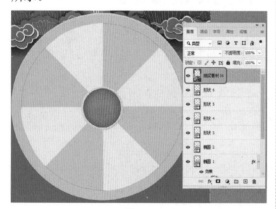

图 8-58

10 在工具箱中单击【横排文字工具】 T ，
在工作区中输入文本。选中输入的文本，在【字
符】面板中将【字体】设置为【方正粗宋简体】，
将【字体大小】设置为 30 点，【行距】设置
为 40 点，将【字符间距】设置为 280，将【水
平缩放】设置为 110%，将【颜色】设置为白色，
单击【仿粗体】按钮 T ，如图 8-59 所示。

11 在工具箱中单击【钢笔工具】，绘制三
角形，将【填充】设置为 #cb2230，将【描边】
设置为无，如图 8-60 所示。

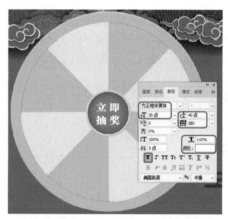

图 8-59

图 8-60

12 在工具箱中单击【矩形工具】 ▭ ，绘制
【W】、【H】分别为 32 像素、86 像素的矩形，
将【填充】设置为 #ff6851，将【描边】设置
为无，如图 8-61 所示。

图 8-61

13 选择绘制的【矩形 1】图层,右击鼠标,在弹出的快捷菜单中选择【创建剪贴蒙版】命令,如图 8-62 所示。

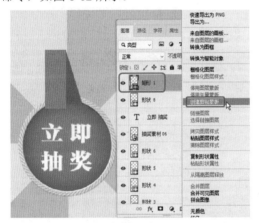

图 8-62

14 选中绘制的矩形和三角形,将图层调整至【抽奖素材 06】图层下方,效果如图 8-63 所示。

图 8-63

15 在工具箱中单击【横排文字工具】 **T.**,

在工作区中输入文本。选中输入的文本,在【属性】面板中将【字体】设置为【微软雅黑】,将【字体系列】设置为【Regular】,将【字体大小】设置为 28 点,将【字符间距】设置为 0,将【颜色】设置为#ca1518。单击【段落】组中的【居中对齐文本】按钮 ,将【角度】设置为 -22.22°,如图 8-64 所示。

图 8-64

16 使用【横排文字工具】输入其他文本内容,并进行相应的设置,选中输入的文本内容,按住鼠标左键将其拖曳至【创建新组】按钮 上,将组名称更改为【奖项组】,如图 8-65 所示。

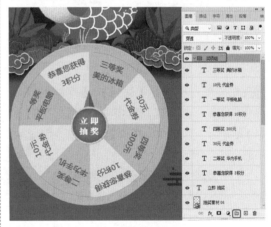

图 8-65

17 在工具箱中单击【椭圆工具】,绘制【W】、【H】均为 15 像素的圆形,将【填充】设置为#ff0400,将【描边】设置为无,如图 8-66 所示。

18 单击【创建新组】按钮,将组名称更改为【装饰组】,将绘制的圆形拖曳至该组中。选中【椭圆 3】图层,右击鼠标,在弹出的快捷菜单中选择【转换为智能对象】命令，如图 8-67 所示。

图 8-66

图 8-67

19 在菜单栏中选择【滤镜】|【模糊】|【高斯模糊】命令，弹出【高斯模糊】对话框，将【半径】设置为 2 像素，单击【确定】按钮，如图 8-68 所示。

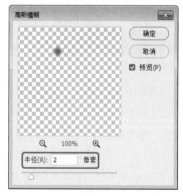

图 8-68

20 将红色的灯光复制一层，调整对象的位

置，根据前面所介绍的方法，制作出白色的灯光，如图 8-69 所示。

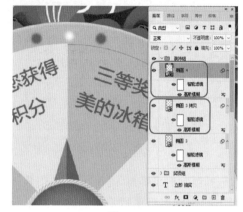

图 8-69

21 将白色灯光和红色灯光进行多次复制，并调整对象的位置，效果如图 8-70 所示。

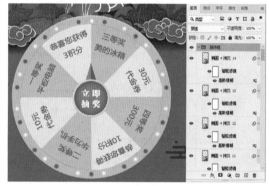

图 8-70

■ 8.2.3 抽奖活动规则设计

下面通过【横排文字工具】完善抽奖活动规则，其具体操作步骤如下。

01 在工具箱中单击【横排文字工具】，在工作区中输入文本。选中输入的文本，在【字符】面板中将【字体】设置为【微软雅黑】，将【字体系列】设置为【Regular】，将【字体大小】设置为 36 点，将【字符间距】设置为 50，将【水平缩放】设置为 110%，将【颜色】设置为白色，单击【仿粗体】按钮 T，如图 8-71 所示。

02 继续使用【横排文字工具】输入文本，在【字符】面板中将【字体】设置为【微软雅黑】，将【字体系列】设置为【Regular】，将【字体大小】设置为 22 点,将【行距】设置为 35 点,将【字符间距】设置为 0,将【水平缩放】设置为 110%,将【颜色】设置为白色,如图 8-72 所示。

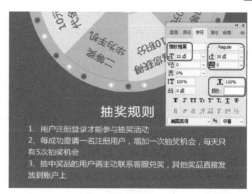

图 8-72

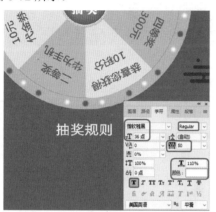

图 8-71

03 选择抽奖规则的文本对象,按住鼠标左键将其拖曳至【创建新组】按钮 □ 上,将组名称更改为【文字组】,如图 8-73 所示。

图 8-73

LESSON 8.3 商城打卡 UI 界面设计

为了更好地完成本设计案例,现对制作要求及设计内容做如下规划,商城打卡 UI 界面效果如图 8-74 所示。

作品名称	商城打卡 UI 界面
作品尺寸	750px×1251px
设计创意	(1)在制作打卡界面时,界面需要简洁,看上去一目了然。如果界面上充斥着太多的东西,会让用户在查找内容的时候比较困难和乏味。 (2)使用【矩形工具】和【椭圆工具】制作出打卡界面背景。 (3)通过【圆角矩形工具】、【横排文字工具】制作出打卡签到区域以及积分兑换区域内容。
主要元素	(1)签到背景界面。 (2)签到日历。 (3)积分兑换区域。
应用软件	Photoshop 2020
素材	素材 \Cha08\ 打卡素材 01.png、打卡素材 02.png
场景	场景 \Cha08\8.3　商城打卡 UI 界面设计 .psd
视频	视频教学 \Cha08\8.3.1　界面背景设计 .mp4 视频教学 \Cha08\8.3.2　打卡签到界面设计 .mp4 视频教学 \Cha08\8.3.3　积分兑换区域设计 .mp4

（续表）

商城打卡 UI 界面效 果欣赏	 图 8-74

■ 8.3.1　界面背景设计

使用【矩形工具】和【椭圆工具】制作出界面背景，使用【横排文字工具】制作出签到区域内容，其具体操作步骤如下。

01 新建一个【宽度】、【高度】为 750 像素、1251 像素，【分辨率】为 72 像素 / 英寸，【背景颜色】为 # f4f5fa 的文档，在工具箱中单击【矩形工具】 ，在工作区中绘制一个【W】、【H】为 750 像素、503 像素的矩形，将【填充】设置为 #ff5752，将【描边】设置为无，如图 8-75 所示。

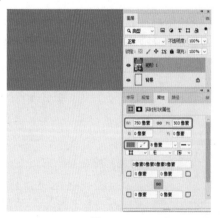

图 8-75

02 在工具箱中单击【椭圆工具】 ，绘制【W】、【H】为 90 像素的圆形，将【填充】设置为白色，将【描边】设置为无，如图 8-76 所示。

图 8-76

03 选择【椭圆 1】图层，单击【添加图层蒙版】按钮 ，在工具箱中单击【渐变工具】 ，将前景色设置为白色，将背景色设置为黑色，将工具选项栏中的渐变设置为前景色到背景色渐变，在工作区中拖曳鼠标添加渐变，将【图层】面板中的【不透明度】设置为 40%，如图 8-77 所示。

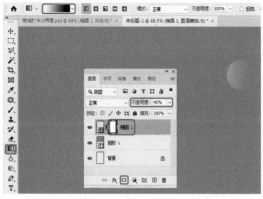

图 8-77

`04` 使用同样的方法制作如图 8-78 所示的对象，并添加图层蒙版设置渐变。

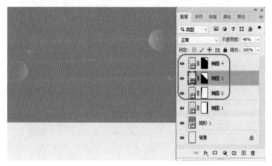

图 8-78

`05` 在菜单栏中选择【文件】|【置入嵌入对象】命令，在弹出的对话框中选择【素材\Cha08\打卡素材 01.png】素材文件，单击【置入】按钮，按 Enter 键完成置入，并在工作区中调整大小及位置，如图 8-79 所示。

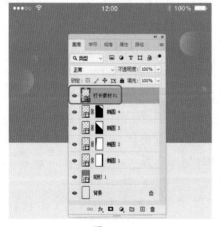

图 8-79

`06` 在工具箱中单击【横排文字工具】，在

工作区中输入文本。选中输入的文本，在【字符】面板中将【字体】设置为【汉仪大黑简】，将【字体大小】设置为 36 点，将【字符间距】设置为 0，将【颜色】设置为白色，如图 8-80 所示。

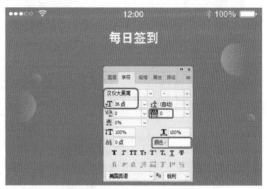

图 8-80

`07` 在工具箱中单击【钢笔工具】 ，在工作区中绘制线段，将工具选项栏中的【填充】设置为无，将【描边】设置为白色，将【描边宽度】设置为 3 像素，如图 8-81 所示。

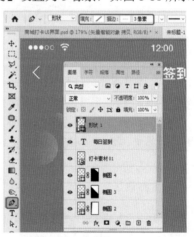

图 8-81

`08` 在工具箱中单击【矩形工具】，绘制【W】、【H】为 35 像素、30 像素的矩形，将【填充】设置为无，将【描边】设置为白色，将【描边宽度】设置为 3 像素，如图 8-82 所示。

`09` 使用【矩形工具】绘制【W】、【H】为 3 像素、26 像素的矩形，将【填充】设置为无，将【描边】设置为白色，将【描边宽度】设置为 3 像素，如图 8-83 所示。

图 8-82

图 8-83

提示：使用【矩形选框工具】也可以绘制正方形，单击工具箱中的【矩形选框工具】 [::]，配合键盘上的 Shift 键在图片中创建选区，即可绘制正方形；按住 Alt+Shift 组合键，可以光标所在位置为中心创建正方形选区。

[10] 选择【矩形2】图层，在【图层】面板中单击【添加图层蒙版】按钮 ◘，将【前景色】设置为白色，使用【矩形选框工具】绘制选区，按 Ctrl+Delete 组合键，添加蒙版后的效果如图 8-84 所示。

[11] 按 Ctrl+D 组合键取消选区，使用【钢笔工具】绘制白色的三角形，如图 8-85 所示。

[12] 在工具箱中单击【圆角矩形工具】，在工作区中绘制一个圆角矩形，在【属性】面板中将【W】和【H】设置为 251 像素、85 像素，将【填充】设置为无，将【描边】设置为白色，

将【描边宽度】设置为 3 像素，将所有的【角半径】均设置为 40 像素，如图 8-86 所示。

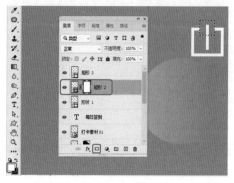

图 8-84

图 8-85

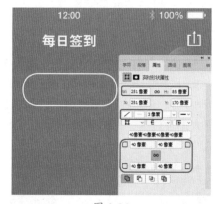

图 8-86

[13] 在菜单栏中选择【文件】|【置入嵌入对象】命令，在弹出的对话框中选择【素材\Cha08\打卡素材 02.png】素材文件，单击【置入】按钮，按 Enter 键完成置入，并在工作区中调整大小及位置，如图 8-87 所示。

[14] 在工具箱中单击【横排文字工具】，在工作区中输入文本。选中输入的文本，在【字符】面板中将【字体】设置为【方正黑体简体】，将【字体大小】设置为 36 点，将【字符间距】

设置为 0，将【颜色】设置为白色，如图 8-88
所示。

图 8-87

图 8-88

15 在工具箱中单击【横排文字工具】，在
工作区中输入文本。选中输入的文本，在【字
符】面板中将【字体】设置为【方正黑体简体】，
将【字体大小】设置为 30 点，将【字符间距】
设置为 0，将【颜色】设置为白色，如图 8-89
所示。

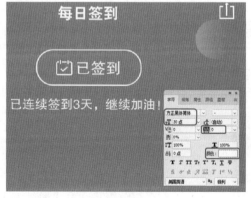

图 8-89

■ 8.3.2 打卡签到界面设计

使用【圆角矩形工具】制作出签到日历
的背景，使用【横排文字工具】输入文本，
置入打卡素材，使用【圆角矩形工具】和【椭
圆工具】制作红包，其具体操作步骤如下。

01 在工具箱中单击【圆角矩形工具】，在
工作区中绘制一个圆角矩形，在【属性】面
板中将【W】和【H】设置为 690 像素、624
像素，将【填充】设置为白色，将【描边】
设置为无，将所有的【角半径】均设置为 20
像素，如图 8-90 所示。

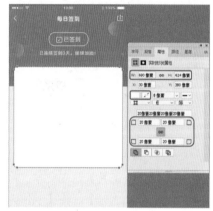

图 8-90

02 选中绘制的圆角矩形，在【图层】面板中
双击该图层，在弹出的【图层样式】对话框中，
勾选【投影】复选框，将【混合模式】设置为【正
片叠底】，将【颜色】设置为 #ff6f6b，将【不
透明度】设置为 33%，将【角度】设置为 90 度，
将【距离】、【扩展】、【大小】设置为 2 像素、
0%、43 像素，如图 8-91 所示。

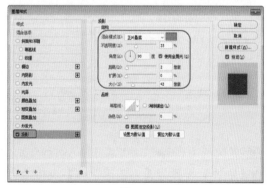

图 8-91

03 单击【确定】按钮，在工具箱中单击【横排文字工具】，在工作区中输入文本。选中输入的文本，在【字符】面板中将【字体】设置为【Adobe 黑体 Std】，将【字体大小】设置为34点，将【字符间距】设置为0，将【颜色】设置为黑色，如图8-92所示。

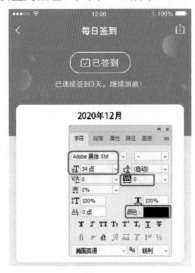

图 8-92

04 使用【横排文字工具】输入文本，将【字体】设置为【创艺简老宋】，将【字体大小】设置为30点，将【字符间距】设置为0，将【颜色】设置为黑色。选中输入的文本内容，按住鼠标左键将其拖曳至【创建新组】按钮 上，将组名称更改为【周日期】，如图8-93所示。

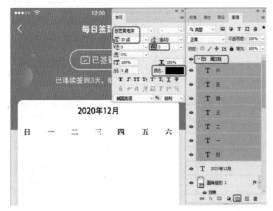

图 8-93

05 继续使用【横排文字工具】输入其他文本，将【字体】设置为【创艺简黑体】，将【字体大小】设置为34点，将【字符间距】设置

为0，将【颜色】设置为黑色。选中输入的文本内容，按住鼠标左键将其拖曳至【创建新组】按钮 上，将组名称更改为【文字组】，如图8-94所示。

图 8-94

06 使用【椭圆工具】绘制【W】、【H】均为48像素的正圆，将【填充】设置为#ff5752，将【描边】设置为无，如图8-95所示。

图 8-95

07 在菜单栏中选择【文件】|【置入嵌入对象】命令，在弹出的对话框中选择【素材\Cha08\打卡素材02.png】素材文件，单击【置入】按钮，按 Enter 键完成置入，并在工作区中调整大小及位置，如图8-96所示。

08 将制作的打卡按钮进行多次复制，调整对象的位置，效果如图8-97所示。

09 在工具箱中单击【圆角矩形工具】，在工作区中绘制一个圆角矩形，在【属性】面板中将【W】和【H】设置为40像素、49像素，将【填充】设置为 #ff5550，将【描边】设置为无，将所有的【角半径】均设置为 4 像素，如图 8-98 所示。

图 8-96

图 8-97

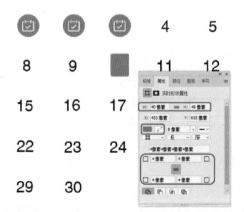

图 8-98

10 使用【椭圆工具】绘制【W】、【H】为 53 像素、33 像素的圆形，将【填充】设置为 #ea1614，将【描边】设置为无，如图 8-99 所示。

图 8-99

11 在【椭圆 6】图层上右击鼠标，在弹出的快捷菜单中选择【创建剪贴蒙版】命令，使用【椭圆工具】绘制【W】、【H】均为 13 像素的正圆，将【填充】设置为 #eac914，将【描边】设置为无，如图 8-100 所示。

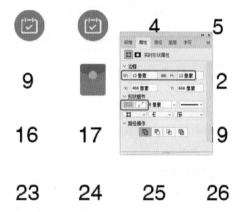

图 8-100

12 选择制作的红包对象，按住鼠标左键拖曳至【创建新组】按钮上，将组名称更改为【红包组】。对红包组进行复制，调整红包的位置，如图 8-101 所示。

图 8-101

13 在工具箱中单击【直线工具】 ✎，在工具选项栏中将【工具模式】设置为【形状】，将【填充】设置为#cccccc，将【描边】设置为无，将【粗细】设置为2像素，绘制水平直线段，如图8-102所示。

图 8-102

■ 8.3.3　积分兑换区域设计

下面将讲解如何制作积分兑换区域，其具体操作步骤如下。

01 在工具箱中单击【圆角矩形工具】，在工作区中绘制一个圆角矩形，在【属性】面板中将【W】和【H】设置为690像素、307像素，将【填充】设置为白色，将【描边】设置为无，将所有的【角半径】均设置为20像素，如图8-103所示。

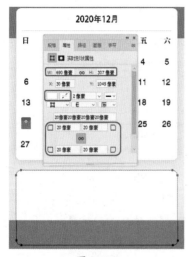

图 8-103

02 在工具箱中单击【横排文字工具】，输

入文本，将【字体】设置为【创艺简黑体】，将【字体大小】设置为34点，将【字符间距】设置为0，将【颜色】设置为黑色，如图8-104所示。

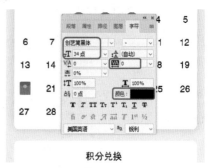

图 8-104

03 在工具箱中单击【横排文字工具】，输入文本，将【字体】设置为【创艺简黑体】，将【字体大小】设置为28点，将【字符间距】设置为0，将【颜色】设置为#666666，如图8-105所示。

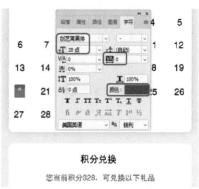

图 8-105

04 在工具箱中单击【圆角矩形工具】，在工作区中绘制一个圆角矩形，在【属性】面板中将【W】和【H】设置为33像素、4像素，将【填充】设置为#ff5550，将【描边】设置为无，将所有的【角半径】均设置为2像素，如图8-106所示。

05 选中圆角矩形，按Ctrl+T组合键，将对象进行适当的旋转，按Enter键确认。将红色圆角矩形进行复制，按Ctrl+T组合键，将对象进行适当缩小，按Enter键确认。将缩小后的圆角矩形的【填充】设置为#eac914，效果如图8-107所示。

14	15	16	17	18
21	22	23	24	25
28	29	30		

— 积分兑换

您当前积分328，可兑

图 8-106

✎ 积分兑换 ✎

您当前积分328，可兑换以下礼品

图 8-107

 ## 8.4 视频录制 UI 界面设计

为了更好地完成本设计案例，现对制作要求及设计内容做如下规划，视频录制 UI 界面效果如图 8-108 所示。

作品名称	视频录制 UI 界面
作品尺寸	750px×1334px
设计创意	随着现代化的发展，手机 UI 时代已经到来，用户可以通过手机的相机录制功能，将喜欢的人或事记录到手机中，所以录制界面要以简单实用为主。
主要元素	（1）视频人物背景。 （2）手机界面的状态栏。 （3）视频录制提示界面。
应用软件	Photoshop 2020
素材	素材 \Cha08\ 界面背景 .jpg、状态栏 .png、界面 2.png
场景	场景 \Cha08\8.4　视频录制 UI 界面设计 .psd
视频	视频教学 \Cha08\8.4.1　视频录制界面背景设计 .mp4 视频教学 \Cha08\8.4.2　视频录制提示界面 .mp4
视频录制 UI 界面效果欣赏	 图 8-108

8.4.1 视频录制界面背景设计

下面将讲解如何制作视频录制界面背景，其具体操作步骤如下。

01 按 Ctrl+N 组合键，弹出【新建文档】对话框，将【单位】设置为【像素】，【宽度】和【高度】设置为 750 像素、1334 像素，【分辨率】设置为 72 像素 / 英寸，【背景内容】设置为白色，单击【创建】按钮。在菜单栏中选择【文件】|【置入嵌入对象】命令，弹出【置入嵌入的对象】对话框，选择【素材 \Cha08\ 界面背景 .jpg】素材文件，单击【置入】按钮，调整素材文件的大小及位置，效果如图 8-109 所示。

图 8-110

图 8-109

02 在工具箱中单击【矩形工具】 ☐，绘制矩形，将【W】和【H】设置为 750 像素、50 像素，【填充颜色】设置为 #fe0036，【描边】设置为无，如图 8-110 所示。

03 在菜单栏中选择【文件】|【置入嵌入对象】命令，弹出【置入嵌入的对象】对话框，选择【素材 \Cha08\ 状态栏 .png】素材文件，单击【置入】按钮，调整【状态栏 .png】的位置，如图 8-111 所示。

04 使用【横排文字工具】 T.输入文本，将【字体】设置为【黑体】，【字体大小】设置为 32 点，【颜色】设置为白色，如图 8-112 所示。

图 8-111

图 8-112

05 继续使用【横排文字工具】输入文本，将【字体】设置为【黑体】，【字体大小】设置为36点，【颜色】设置为白色，如图8-113所示。

图 8-113

06 在该文本图层上双击鼠标，弹出【图层样式】对话框，勾选【投影】复选框，将【混合模式】设置为【正片叠底】，将【阴影颜色】设置为黑色，将【不透明度】设置为80%，勾选【使用全局光】复选框，将【角度】设置为90度，将【距离】、【扩展】、【大小】分别设置为4像素、10%、10像素，单击【确定】按钮，如图8-114所示。

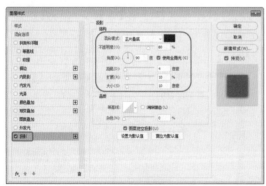

图 8-114

07 在工具箱中单击【钢笔工具】，在工具选项栏中将【工具模式】设置为【形状】，【填充】设置为无，【描边】设置为白色，【描边宽度】设置为5像素，绘制如图8-115所示的形状。

图 8-115

8.4.2 视频录制提示界面

下面将讲解如何制作视频录制提示界面，其具体操作步骤如下。

01 使用【圆角矩形工具】绘制矩形，将【W】和【H】设置为636像素、606像素，【填充】设置为白色，【描边】设置为无，【角半径】均设置为20像素，如图8-116所示。

图 8-116

02 使用【横排文字工具】输入文本，将【字体】设置为【黑体】，【字体大小】设置为48点，【字符间距】设置为50，【颜色】设置为#38474f，如图8-117所示。

图 8-117

03 使用【横排文字工具】输入文本,在【属性】面板中将【字体】设置为【黑体】,【字体大小】设置为 32 点,【字符间距】设置为 25,【颜色】设置为 #4c4c4c,在【段落】组中单击【居中对齐文本】按钮 ≡ ,如图 8-118 所示。

图 8-118

04 使用【圆角矩形工具】绘制圆角矩形,将【W】和【H】设置为 235 像素、95 像素,【填充】设置为无,【描边】设置为 #607d8b,【描边宽度】设置为 2 像素,【角半径】均设置为 45.5 像素,如图 8-119 所示。

05 使用【圆角矩形工具】绘制圆角矩形,将【W】和【H】设置为 235 像素、95 像素,【填充】设置为 #00baff,【描边】设置为无,【角半径】均设置为 47.5 像素,如图 8-120 所示。

图 8-119

图 8-120

06 使用【横排文字工具】输入文本,将【字体】设置为【黑体】,【字体大小】设置为 34 点,【颜色】设置为 #607d8b,如图 8-121 所示。

图 8-121

提示:使用【圆角矩形工具】创建圆角矩形,创建方法与【矩形工具】相同,只是比【矩形工具】多了一个【角半径】选项,其用来设置圆角的半径,该值越高,圆角就越大。

07 使用【横排文字工具】输入文本,将【字体】设置为【黑体】,【字体大小】设置为 34 点,【颜色】设置为白色,如图 8-122 所示。

图 8-122

08 在菜单栏中选择【文件】|【置入嵌入对象】命令,弹出【置入嵌入的对象】对话框,选择【素材 \Cha08\ 界面 2.png】素材文件,单击【置入】按钮,置入素材文件后,调整对象的位置,效果如图 8-123 所示。

图 8-123

LESSON 课后项目 练习

手机个人主页设计

某公司 App 软件将要上市,需要设计师根据用户需求设计出一款简洁风格的个人主页界面。

1. 课后项目练习效果展示

效果如图 8-124 所示。

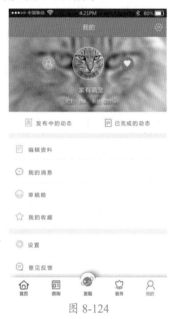

图 8-124

2. 课后项目练习过程概要

(1)使用【矩形工具】制作个人主页界面背景。

(2)使用【椭圆工具】制作界面的小工具按钮。

(3)为了使个人展示界面富有层次性,为人物添加了【高斯模糊】、【曲线】效果,然后通过【椭圆工具】绘制圆形,将头像置入场景中,为对象创建剪贴蒙版效果。

(4)通过【矩形工具】、【直线工具】制作出个人界面的框架部分,置入相应的素材文件,完成最终效果。

素材	素材 \Cha08\ 个人主页素材 01.png、个人主页素材 02.jpg、个人主页素材 03.png、个人主页素材 04.png、个人主页素材 05.png
场景	场景 \Cha08\ 手机个人主页设计 .psd
视频	视频教学 \Cha08\ 手机个人主页设计 .mp4

01 按 Ctrl+N 组合键,在弹出的对话框中将【宽度】、【高度】分别设置为 750 像素、1334 像素,将【分辨率】设置为 72 像素 / 英

寸，将【背景内容】设置为【自定义】，将【颜色】设置为 # f2f2f2，设置完成后，单击【创建】按钮。在工具箱中单击【矩形工具】，在工具选项栏中将【工具模式】设置为【形状】，在工作区中绘制一个矩形，在【属性】面板中将【W】和【H】设置为 750 像素、128 像素，将【填充】设置为 # ff4c4d，将【描边】设置为无，如图 8-125 所示。

图 8-125

02 使用【矩形工具】在工作区中绘制一个矩形，在【属性】面板中将【W】、【H】分别设置为 750 像素、40 像素，将【填充】设置为 # 000000，将【描边】设置为无，在【图层】面板中将【矩形 2】的【不透明度】设置为 85%，如图 8-126 所示。

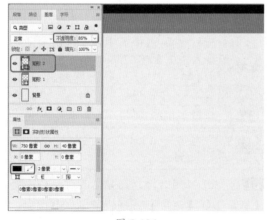

图 8-126

03 在菜单栏中选择【文件】|【置入嵌入对象】命令，在弹出的对话框中选择【素材\Cha08\个人主页素材 01.png】素材文件，单击【置入】按钮，按 Enter 键完成置入，并在工作区中调整其位置，效果如图 8-127 所示。

图 8-127

04 在工具箱中单击【横排文字工具】，在工作区中输入文本。选中输入的文本，在【字符】面板中将【字体】设置为【微软雅黑】，将【字体大小】设置为 28 点，将【字符间距】设置为 60，将【颜色】设置为白色，如图 8-128 所示。

图 8-128

05 在工具箱中单击【椭圆工具】，在工具选项栏中将【填充】设置为无，将【描边】设置为白色，将【描边宽度】设置为 2 像素，在工具选项栏中将【路径操作】设置为【减去顶层形状】，在工作区中按住 Shift 键绘制一个正圆，在【属性】面板中将【W】、【H】均设置为 36 像素，如图 8-129 所示。

图 8-129

06 在工作区中按住 Shift 键，使用【椭圆工具】绘制多个【W】、【H】为 12 像素的圆形，效果如图 8-130 所示。

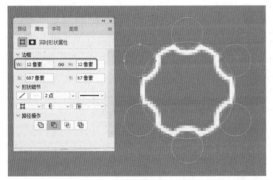

图 8-130

07 单击【椭圆工具】，在工具选项栏中将【路径操作】设置为【新建图层】，在工作区中按住 Shift 键绘制一个圆形，在【属性】面板中将【W】、【H】均设置为 13 像素，如图 8-131 所示。

图 8-131

08 在工具箱中单击【矩形工具】，在工作区中绘制一个矩形，在【属性】面板中将【W】、【H】分别设置为 750 像素、347 像素，随意填充一种颜色，将【描边】设置为无，如图 8-132所示。

图 8-132

知识链接：路径操作选项

路径操作下拉列表中各个选项的功能如下。

◎ 【新建图层】：选择该选项后，可以创建新的图形图层。

◎ 【合并形状】：选择该选项后，新绘制的图形会与现有的图形合并，如图 8-133所示。

图 8-133

◎ 【减去顶层形状】：选择该选项后，可以从现有的图形中减去新绘制的图形，如图 8-134 所示。

◎ 【与形状区域相交】：选择该选项后，

即可保留两个图形所相交的区域,如图 8-135 所示。

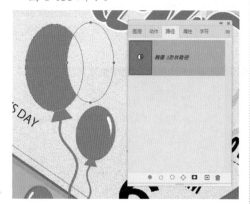

图 8-134

图 8-135

◎ 【排除重叠形状】:选择该选项后,将删除两个图形所重叠的部分,效果如图 8-136 所示。

图 8-136

◎ 【合并形状组件】:选择该选项后,会将两个图形进行合并,并将其转换为常规路径。

09 在菜单栏中选择【文件】|【置入嵌入对象】命令,在弹出的对话框中选择【素材\Cha08\个人主页素材 02.jpg】素材文件,单击【置入】按钮,按 Enter 键完成置入,并在工作区中调整其位置与大小,效果如图 8-137 所示。

图 8-137

10 在【图层】面板中选择【个人主页素材 02】图层,右击鼠标,在弹出的快捷菜单中选择【创建剪贴蒙版】命令,效果如图 8-138 所示

图 8-138

11 继续选中【个人主页素材 02】图层,按 Ctrl+M 组合键,在弹出的对话框中添加一个编辑点,将【输出】、【输入】分别设置为 181、176,再次添加一个编辑点,将【输出】、【输入】分别设置为 142、114,如图 8-139 所示。

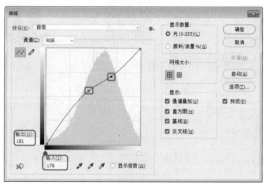

图 8-139

12 设置完成后，单击【确定】按钮，在菜单栏中选择【滤镜】|【模糊】|【高斯模糊】命令，在弹出的对话框中将【半径】设置为 7 像素，如图 8-140 所示。

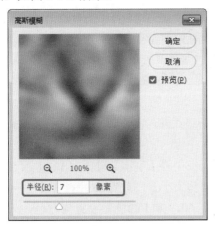

图 8-140

13 设置完成后，单击【确定】按钮，在工具箱中单击【椭圆工具】，在工作区中按住 Shift 键绘制一个正圆，在【属性】面板中将【W】、【H】均设置为 150 像素，将【填充】设置为白色，将【描边】设置为白色，将【描边宽度】设置为 2 像素，如图 8-141 所示。

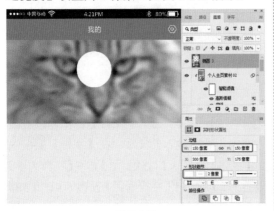

图 8-141

14 在【图层】面板中选择【个人主页素材 02】图层，按 Ctrl+J 组合键拷贝图层，将【个人主页素材 02 拷贝】图层调整至【椭圆 3】图层的上方，并在【个人主页素材 02 拷贝】图层上右击鼠标，在弹出的快捷菜单中选择【创建剪贴蒙版】命令，如图 8-142 所示。

图 8-142

15 创建完剪贴蒙版后，继续在【图层】面板中选择【个人主页素材 02 拷贝】图层，在工作区中调整其大小。调整完成后，在【个人主页素材 02 拷贝】图层下方的【高斯模糊】上右击鼠标，在弹出的快捷菜单中选择【删除智能滤镜】命令，双击曲线，在弹出的【曲线】对话框中删除多余的点，将如图 8-143 所示点的【输出】、【输入】分别设置为 138、121，单击【确定】按钮。

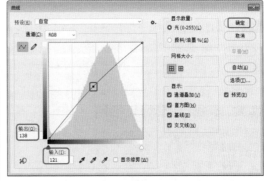

图 8-143

16 在工具箱中单击【椭圆工具】，在工作区中按住 Shift 键绘制一个正圆，在【属性】面板中将【W】、【H】均设置为 61 像素，将【填充】设置为 #ffa3a4，将【描边】设置为无，如图 8-144 所示。

17 在菜单栏中选择【文件】|【置入嵌入对象】命令，在弹出的对话框中选择【素材\Cha08\个人主页素材 03.png】素材文件，单击【置入】按钮，按 Enter 键完成置入，并在工作区中调整其位置，效果如图 8-145 所示。

图 8-144

图 8-145

18 在【图层】面板中选择【椭圆 4】图层，按 Ctrl+J 组合键拷贝图层。选中拷贝后的图层，在【属性】面板中将【填充】设置为 #ff4c4d，调整对象的位置，如图 8-146 所示。

图 8-146

19 在【图层】面板中选择【个人主页素材03】图层，在工具箱中单击【钢笔工具】，在工具选项栏中将【填充】设置为白色，在工作区中绘制一个心形，如图 8-147 所示。

图 8-147

20 在工具箱中单击【横排文字工具】，在工作区中输入文本。选中输入的文本，在【字符】面板中将【字体】设置为【微软雅黑】，将【字体大小】设置为 28 点，将【字符间距】设置为 60，将【颜色】设置为白色，效果如图 8-148 所示。

图 8-148

21 再次使用【横排文字工具】在工作区中输入文本。选中输入的文本，在【字符】面板中将【字体】设置为【微软雅黑】，将【字体大小】设置为 20 点，将【字符间距】设置为 0，将【颜色】设置为白色，效果如图 8-149 所示。

22 双击【家有萌宠】图层，在弹出的对话框中勾选【投影】复选框，将【混合模式】设置为【正片叠底】，将【阴影颜色】设置为 #221815，将【不透明度】设置为 32%，勾选【使用全局光】复选框，将【角度】设置为 90 度，将【距离】、【扩展】、【大小】分别设置为 5 像素、20%、8 像素，单击【确定】按钮，如图 8-150 所示。

图 8-149

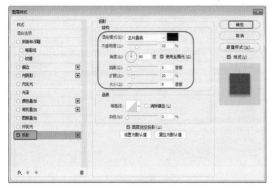

图 8-150

23 在【家有萌宠】图层上右击鼠标，在弹出的快捷菜单中选择【拷贝图层样式】命令；选择【关注：158 粉丝：223569】文本图层，右击鼠标，在弹出的快捷菜单中选择【粘贴图层样式】命令，效果如图 8-151 所示。

图 8-151

24 在工具箱中单击【矩形工具】，在工作区中绘制一个矩形，在【属性】面板中将【W】、【H】分别设置为 750 像素、97 像素，将【填充】

设置为白色，将【描边】设置为无，如图 8-152 所示。

图 8-152

25 使用同样的方法在工作区中再绘制 750 像素 ×415 像素与 750 像素 ×206 像素的白色矩形，并调整其位置，效果如图 8-153 所示。

图 8-153

26 在菜单栏中选择【文件】|【置入嵌入对象】命令，在弹出的对话框中选择【素材\Cha08\ 个人主页素材 04.png】素材文件，单击【置入】按钮，按 Enter 键完成置入，并在工作区中调整其位置，效果如图 8-154 所示。

27 根据前面所介绍的方法在工作区中输入相应的文本，并绘制水平直线，效果如图 8-155 所示。

图 8-154

图 8-155

【展】、【大小】分别设置为 17 像素、1%、27 像素，如图 8-157 所示。

图 8-156

图 8-157

30 设置完成后，单击【确定】按钮，即可为素材添加投影效果，如图 8-158 所示。

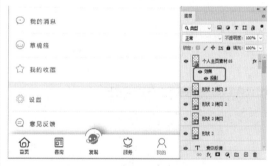

图 8-158

28 在菜单栏中选择【文件】|【置入嵌入对象】命令，在弹出的对话框中选择【素材\Cha08\ 个人主页素材 05.png】素材文件，单击【置入】按钮，按 Enter 键完成置入，并在工作区中调整其位置，效果如图 8-156 所示。

29 在【图层】面板中双击【个人主页素材05】图层，在弹出的对话框中勾选【投影】复选框，将【混合模式】设置为【正片叠底】，将【阴影颜色】设置为#000000，将【不透明度】设置为 40%，取消勾选【使用全局光】复选框，将【角度】设置为 180 度，将【距离】、【扩

商品详情页面 UI 界面设计

某淘宝店铺要将新品卫衣上架，需制作出淘宝商品详情页，要求具有一定的宣传性。

1. 课后项目练习效果展示

效果如图 8-159 所示。

¥120 ¥299

加绒卫衣女加厚连帽秋冬新款2021宽松韩版中长款慵懒风

快递:免运费　　　月销13895笔　　　浙江金华

服务　7天无理由 · 48小时内发货 · 运费险

商品详情　　商品属性　　商品推荐

店铺　客服　收藏　加入购物车　立即购买

图 8-159

2. 课后项目练习过程概要

（1）通过【矩形工具】、【椭圆工具】制作页面效果。

（2）添加相应的素材文件进行美化，最终制作出商品详情页面 UI 界面效果。

素材	素材 \Cha08\ 淘宝素材 01.jpg、淘宝素材 02.png、淘宝素材 03.png、淘宝素材 04.png、淘宝素材 05.png、淘宝素材 06.jpg
场景	场景 \Cha08\ 商品详情页面 UI 界面设计 .psd
视频	视频教学 \Cha08\ 商品详情页面 UI 界面设计 .mp4

01 按 Ctrl+N 组合键，在弹出的对话框中将【宽度】、【高度】分别设置为 750 像素、1334 像素，将【分辨率】设置为 72 像素 / 英寸，将【背景内容】设置为白色，设置完成后，单击【创建】按钮。在工具箱中单击【矩形工具】□，在工具选项栏中将【工具模式】设置为【形状】，在工作区中绘制一个矩形，在【属

性】面板中将【W】和【H】设置为 750 像素、808 像素，将【填充】设置为 #de2330，将【描边】设置为无，如图 8-160 所示。

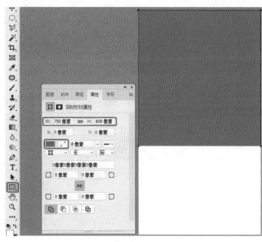

图 8-160

02 在菜单栏中选择【文件】|【置入嵌入对象】命令，在弹出的对话框中选择【素材 \Cha08\ 淘宝素材 01.jpg】素材文件，单击【置入】按钮，按 Enter 键完成置入，并在工作区中调整其位置。在【图层】面板中选择【淘宝素材 01】图层，右击鼠标，在弹出的快捷菜单中选择【创建剪贴蒙版】命令，如图 8-161 所示。

图 8-161

03 在工具箱中单击【矩形工具】□，在工作区中绘制一个矩形，在【属性】面板中将【W】和【H】设置为 750 像素、46 像素，将【填充】设置为 #000000，将【描边】设置为无。在【图

层】面板中选择【矩形 2】图层，将【不透明度】设置为 40%，如图 8-162 所示。

图 8-162

04 在菜单栏中选择【文件】|【置入嵌入对象】命令，在弹出的对话框中选择【素材\Cha08\淘宝素材 02.png】素材文件，单击【置入】按钮，按 Enter 键完成置入，并在工作区中调整其位置，效果如图 8-163 所示。

图 8-163

05 单击【椭圆工具】◯，按住 Shift 键绘制一个正圆，在【属性】面板中将【W】和【H】均设置为 60 像素，将【填充】设置为黑色，【描边】设置为无。在【图层】面板中选择【椭圆 1】图层，将【不透明度】设置为 50%，如图 8-164 所示。

06 在【图层】面板中选择【椭圆 1】图层，按两次 Ctrl+J 组合键拷贝图层，并在工作区中调整拷贝的椭圆形的位置，效果如图 8-165 所示。

07 根据前面所介绍的方法，将【淘宝素材 03.png】、【淘宝素材 04.png】素材文件置入文档中，并调整其位置与大小，然后使用【椭圆工具】在工作区中绘制一个白色圆形，并

对绘制的圆形进行复制，调整其位置，效果如图 8-166 所示。

图 8-164

图 8-165

图 8-166

08 使用【圆角矩形工具】◻，在工作区中绘制一个圆角矩形，在【属性】面板中将【W】和【H】设置为 70 像素、40 像素，将【填充】设置为黑色，将【描边】设置为无，将所有的【角半径】均设置为 20 像素。在【图层】面板中选择【圆角矩形 1】图层，将【不透明度】设置为 50%，如图 8-167 所示。

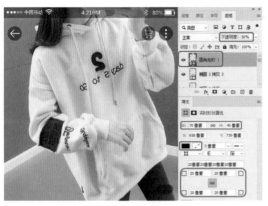

图 8-167

和【H】分别设置为750像素、25像素，将【填充】设置为#f1f1f1，将【描边】设置为无，并调整其位置，如图8-171所示。

图 8-169

09 在工具箱中单击【横排文字工具】 T., 在工作区中输入文本。选中输入的文本,在【字符】面板中将【字体】设置为【微软雅黑】,将【字体大小】设置为24点,将【字符间距】设置为25,将【颜色】设置为白色,如图8-168所示。

图 8-168

图 8-170

10 使用同样的方法在工作区中使用【横排文字工具】输入其他文字,并进行相应的调整,效果如图8-169所示。

11 在工具箱中单击【直线工具】 /., 将【工具模式】设置为【形状】,将【填充】设置为无,将【描边】设置为#c8c8c8,将【描边宽度】设置为1像素,在工作区中按住Shift键绘制一条水平直线,如图8-170所示。

12 在工具箱中单击【矩形工具】 □., 在工作区中绘制一个矩形,在【属性】面板中将【W】

图 8-171

知识链接：直线工具

【直线工具】 /. 是用来创建直线和带箭头的线段的。选择【直线工具】/.，在工具选项栏中单击【设置其他形状和路径选项】按钮 ✿，弹出如图 8-172 所示的选项面板。

◎ 【起点/终点】：勾选【起点】复选框，会在直线的起点处添加箭头；勾选【终点】复选框；会在直线的终点处添加箭头；如果同时勾选这两个复选框，则会绘制出双向箭头。

◎ 【宽度】：该选项用来设置箭头宽度与直线宽度的百分比。

◎ 【长度】：该选项用来设置箭头长度与直线宽度的百分比。

◎ 【凹度】：该选项用来设置箭头的凹陷程度。

图 8-172

13 根据前面所介绍的方法将【淘宝素材05.png】、【淘宝素材06.jpg】素材文件置入文档中，并调整其大小与位置，效果如图 8-173 所示。

14 在工具箱中单击【矩形工具】□，在工作区中绘制一个矩形，在【属性】面板中将【W】和【H】设置为 240 像素、100 像素，【填充】设置为#ffcc00，【描边】设置为无，如图 8-174 所示。

15 在【图层】面板中选中【矩形 4】图层，按 Ctrl+J 组合键拷贝图层，并在【属性】面板中将拷贝后的对象的【填充】设置为#ff3855，在工作区中调整其位置，效果如图 8-175 所示。

16 根据前面所介绍的方法在新绘制的两个

矩形上输入文本，在【字符】面板中进行相应的设置，效果如图 8-176 所示。

图 8-173

图 8-174

图 8-175

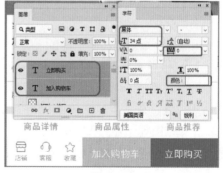

图 8-176

第 09 章
宣传展架设计

本章导读:

　　展架是一种用作广告宣传、背部具有X形支架的展览展示用品,又名产品展示架、促销架、便携式展具和资料架等。根据产品的特点,设计与之匹配的产品促销展架,再加上具有创意的展架标题,可以使产品醒目地展现在公众面前,从而增强对产品的宣传效果。

9.1 装饰公司宣传展架设计

为了更好地完成本设计案例，现对制作要求及设计内容做如下规划，效果如图9-1所示。

作品名称	装饰公司宣传展架设计
作品尺寸	2000px×4197px
设计创意	（1）通过撕纸素材文件制作撕裂背景，并添加智能滤镜。 （2）利用【横排文字工具】制作展架主标题，并为标题添加描边，使文字更加美观。 （3）通过对文字内容的排版制作展架的内容介绍，使展架更富有层次感。
主要元素	（1）撕纸素材。 （2）纹理素材。 （3）装饰素材。
应用软件	Photoshop 2020
素材	素材\Cha09\装饰素材01.png~装饰素材07.png
场景	场景\Cha09\9.1装饰公司宣传展架设计.psd
视频	视频教学\Cha09\9.1.1　制作展架背景.mp4 视频教学\Cha09\9.1.2　制作展架主标题.mp4 视频教学\Cha09\9.1.3　制作展架内容介绍.mp4
装饰公司宣传展架设计效果欣赏	 图9-1

■ 9.1.1 制作展架背景

　　装饰公司是集室内设计、预算、施工、材料于一体的专业化设计公司。在制作装饰公司展架背景时，需要注意色彩的结合，使背景更加生动，富有活力。

`01` 启动软件，按 Ctrl+N 组合键，在弹出的对话框中将【宽度】、【高度】分别设置为 2000 像素、4197 像素，将【分辨率】设置为 150 像素/英寸，将【背景内容】设置为【自定义】，将【颜色】设置为 #2d2d2d，单击【创建】按钮。在工具箱中单击【矩形工具】 □，在工作区中绘制一个矩形，在【属性】面板中将【W】、【H】分别设置为 2006 像素、686 像素，将【填充】设置为 #ffce02，将【描边】设置为无，并调整其位置，如图 9-2 所示。

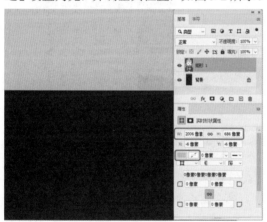

图 9-2

`02` 在菜单栏中选择【文件】|【置入嵌入对象】命令，在弹出的对话框中选择【素材\Cha09\装饰素材 01.png】素材文件，单击【置入】按钮，在工作区中调整其大小与位置，并按 Enter 键完成置入。在【图层】面板中选择【装饰素材 01】图层，右击鼠标，在弹出的快捷菜单中选择【创建剪贴蒙版】命令，如图 9-3 所示。

`03` 使用同样的方法将【装饰素材 02.png】、【装饰素材 03.png】素材文件置入文档中，如图 9-4 所示。

图 9-3

图 9-4

`04` 在工具箱中单击【矩形工具】，在工作区中绘制一个矩形，在【属性】面板中将【W】【H】分别设置为 2010 像素、1864 像素，将【填充】设置为 #c91620，将【描边】设置为无，效果如图 9-5 所示。

图 9-5

`05` 在【图层】面板中选择【矩形 2】图层，右击鼠标，在弹出的快捷菜单中选择【创建剪贴蒙版】命令，如图9-6所示。

06 在【图层】面板中选择【矩形2】图层，在菜单栏中选择【滤镜】|【转换为智能滤镜】命令，如图9-7所示。

 提示：对普通图层中的图像执行【滤镜】命令后，此效果将直接应用在图像上，原图像将遭到破坏；而对智能对象执行【滤镜】命令后，将会产生智能滤镜。智能滤镜中保留有为图像选择的所有【滤镜】命令和参数设置，这样就可以随时修改选择的【滤镜】参数，且源图像仍保留有原有的数据。

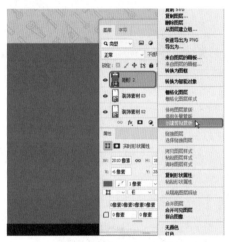 

图9-6　　　　　　　图9-7

知识链接：滤镜的使用技巧

在使用滤镜处理图像时，以下技巧可以帮助我们更好地完成操作。

◎ 选择完一个滤镜命令后，【滤镜】菜单的第一行便会出现该滤镜的名称，如图9-8所示，单击它或者按Alt+Ctrl+F组合键可以快速应用这一滤镜。

◎ 在任意滤镜对话框中按住Alt键，对话框中的【取消】按钮都会变成【复位】按钮，如图9-9所示。单击它可以将滤镜的参数恢复到初始状态。

图9-8　　　　　　　图9-9

◎ 如果在选择滤镜的过程中想要终止滤镜，可以按 Esc 键。

◎ 选择滤镜时，通常会打开滤镜库或者相应的对话框，在预览框中可以预览滤镜效果，
单击▢和▣按钮可以缩小或放大图像的显示比例。将光标移至预览框中，按住鼠标并拖
动，可移动预览框内的图像，如图 9-10 所示。如果想要查看某一区域内的图像，则可
将光标移至文档中，光标会显示为一个方框状，单击鼠标，滤镜预览框内将显示单击
处的图像，如图 9-11 所示。

| 图 9-10 | 图 9-11 |

◎ 使用滤镜处理图像后，可选择【编辑】|【渐隐】命令修改滤镜效果的混合模式和不透明度。
【渐隐】命令必须是在进行了编辑操作后立即选择，如果这中间又进行了其他操作，
则无法选择该命令。

为了不破坏源图像，我们还可以在 Photoshop 中应用智能滤镜。智能滤镜是一种非破
坏性的滤镜，它可以单独存在于【图层】面板中，并且可以对其进行操作，还可以随时进
行删除或者隐藏，所有的操作都不会对图像造成破坏。

（1）停用 / 启用智能滤镜

单击智能滤镜前的◉图标，可以停用该滤镜，图像恢复为原始状态，如图 9-12 所示。
或者选择菜单栏中的【图层】|【智能滤镜】|【停用智能滤镜】命令，如图 9-13 所示，也
可以将该滤镜停用。

| 图 9-12 | 图 9-13 |

如果需要恢复使用滤镜，选择菜单栏中的【图层】|【智能滤镜】|【启用智能滤镜】命
令，如图 9-14 所示。或者在◉图标处单击鼠标左键，也可恢复使用。

（2）编辑智能滤镜蒙版

当将智能滤镜应用于某个智能对象时，在【图层】面板中，该智能对象下方的智能滤
镜上会显示一个蒙版缩览图。默认情况下，此蒙版显示完整的滤镜效果。如果在应用智能

滤镜前已建立选区，则会在【图层】面板中的【智能滤镜】行上显示适当的蒙版，而非一个空白蒙版。

滤镜蒙版的工作方式与图层蒙版相似，可以对它们进行绘画，用黑色绘制的滤镜区域将隐藏，用白色绘制的区域将可见，如图 9-15 所示。

图 9-14   图 9-15

（3）删除智能滤镜蒙版

删除智能滤镜蒙版的操作方法有以下 3 种。

◎ 将【图层】面板中的滤镜蒙版缩览图拖至面板下方的【删除图层】按钮 🗑 上，释放鼠标左键。

◎ 单击【图层】面板中的滤镜蒙版缩览图，将其设置为工作状态，然后单击【蒙版】中的【删除图层】按钮 🗑 。

◎ 选择智能滤镜效果，再选择【图层】|【智能滤镜】|【删除智能滤镜】命令。

07 在弹出的提示对话框中单击【确定】按钮，确认【矩形 2】图层处于选中状态，在菜单栏中选择【滤镜】|【滤镜库】命令，在弹出的对话框中选择【艺术效果】下的【粗糙蜡笔】滤镜效果，将【描边长度】、【描边细节】分别设置为6、4，将【纹理】设置为【画布】，将【缩放】、【凸现】分别设置为100%、20，将【光照】设置为【下】，如图 9-16 所示。

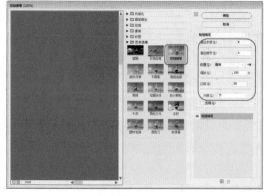

图 9-16

08 设置完成后，单击【确定】按钮，在【图层】面板中选择【装饰素材 03】图层，双击该图层，在弹出的对话框中勾选【内发光】复选框，将【混合模式】设置为【正片叠底】，将【不透明度】设置为40%，将【发光颜色】设置为#000000，将【方法】设置为【柔和】，选中【边缘】单选按钮，将【阻塞】、【大小】、【范围】、【抖动】分别设置为0%、40 像素、100%、0%，如图 9-17 所示。

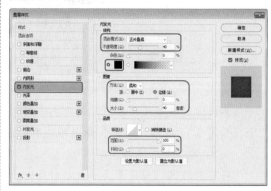

图 9-17

知识链接：滤镜库

Photoshop 将【风格化】、【画笔描边】、【扭曲】、【素描】、【纹理】和【艺术效果】滤镜组中的主要滤镜整合在一个对话框中，这个对话框就是【滤镜库】。通过【滤镜库】对话框，可以将多个滤镜同时应用于图像，也可以对同一图像多次应用同一滤镜，并且还可以使用其他滤镜替换原有的滤镜。

选择【滤镜】|【滤镜库】命令，可以打开【滤镜库】对话框，如图 9-18 所示。对话框的左侧是滤镜效果预览区，中间是 6 组滤镜列表，右侧是参数设置区和效果图层编辑区。

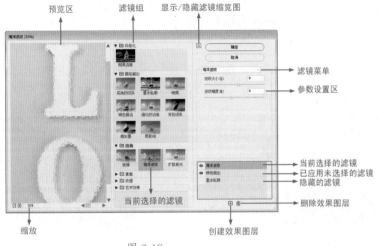

图 9-18

◎ 预览区：用来预览滤镜的效果。

◎ 滤镜组 / 参数设置区：【滤镜库】中共包含 6 组滤镜，单击一个滤镜组前的▶按钮，可以展开该滤镜组，单击滤镜组中的一个滤镜即可使用该滤镜，与此同时，右侧的参数设置区内会显示该滤镜的参数选项。

◎ 当前选择的滤镜：显示了当前使用的滤镜。

◎ 显示 / 隐藏滤镜缩览图：单击 按钮，可以隐藏滤镜组，进而将空间留给图像预览区，再次单击则显示滤镜组。

◎ 滤镜菜单：单击滤镜菜单，可在打开的下拉菜单中选择一个滤镜，这些滤镜是按照滤镜名称的拼音先后顺序排列的，如果想要使用某个滤镜，但不知道它在哪个滤镜组，便可以通过该下拉菜单进行选择。

◎ 缩放：单击 按钮，可放大预览区图像的显示比例；单击 按钮，可缩小图像的显示比例；也可以在文本框中输入数值进行精确缩放。

09 设置完成后，单击【确定】按钮，在【图层】面板中选择【矩形 2】图层，将【装饰素材04.png】素材文件置入文档中，并调整其位置，效果如图 9-19 所示。

10 在【图层】面板中选择除【背景】外的其他图层，按住鼠标左键将其拖曳至【创建新组】按钮 上，并将其重新命名为【展架背景】，如图 9-20 所示。

图 9-19

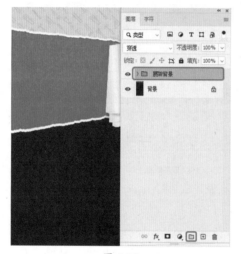

图 9-20

9.1.2　制作展架主标题

本节将介绍如何制作展架主标题，主要利用【横排文字工具】对文字内容进行排版，并使用【钢笔工具】绘制装饰图形。

01 在工具箱中单击【横排文字工具】T.，在工作区中输入文本。选中输入的文本，在【字符】面板中将【字体】设置为【汉仪菱心体简】，将【字体大小】设置为 178 点，将【字符间距】设置为 -10，将【颜色】设置为 #eacf2d，效果如图 9-21 所示。

02 继续选中该文字，按 Ctrl+T 组合键，在工具选项栏中将【旋转】、【水平斜切】分别设置为 -3.8 度、-5.5 度，如图 9-22 所示。

图 9-21

图 9-22

03 设置完成后，按 Enter 键确认，完成变换，并在工作区中调整其位置。在【图层】面板中双击【宏源装饰】文字图层，在弹出的【图层样式】对话框中勾选【描边】复选框，将【大小】设置为 46 像素，将【位置】设置为【外部】，将【颜色】设置为 #383a3a，如图 9-23 所示。

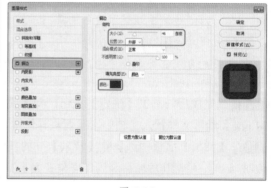

图 9-23

04 设置完成后，单击【确定】按钮，在工具箱中单击【横排文字工具】 T ，在工作区中输入文本。选中输入的文本，在【字符】面板中将【字体】设置为【汉仪菱心体简】，将【字体大小】设置为 129 点，将【字符间距】设置为 -10，将【颜色】设置为 #eacf2d，效果如图 9-24 所示。

图 9-24

05 继续选中该文本，按 Ctrl+T 组合键，在工具选项栏中将【旋转】、【水平斜切】分别设置为 -3.5 度、-4 度，如图 9-25 所示。

图 9-25

06 设置完成后，按 Enter 键确认，完成变换，并在工作区中调整其位置。在【图层】面板中双击【史上最低价】文字图层，在弹出的对话框中勾选【描边】复选框，将【大小】设置为 46 像素，将【位置】设置为【外部】，将【颜色】设置为 #383a3a，如图 9-26 所示。

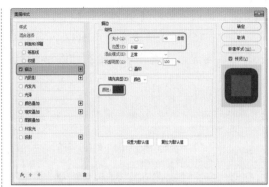

图 9-26

07 设置完成后，单击【确定】按钮，在工具箱中单击【钢笔工具】 ，在工具选项栏中将【填充】设置为 #383a3a，将【描边】设置为无，在工作区中绘制如图 9-27 所示的图形。

图 9-27

08 对绘制的图形进行复制，并调整复制后的图形，效果如图 9-28 所示。

图 9-28

09 在工具箱中单击【钢笔工具】，在工具选项栏中将【填充】设置为# eacf2c，将【描边】设置为无，在工作区中绘制如图 9-29 所示的图形。

图 9-29

10 对绘制的图形进行复制，并使用同样的方法绘制其他图形，效果如图 9-30 所示。

图 9-30

11 在工具箱中单击【横排文字工具】T.，在工作区中输入文本。选中输入的文本，在【字符】面板中将【字体】设置为【微软雅黑】，将【字体样式】设置为【Bold】，将【字体大小】设置为 64 点，将【字符间距】设置为 100，将【颜色】设置为 #eacf2c，如图 9-31 所示。

12 在【图层】面板中双击新输入的文字图层，在弹出的对话框中勾选【描边】复选框，将【大小】设置为 14 像素，将【位置】设置为【外部】，

将【颜色】设置为 #383a3a，如图 9-32 所示。

图 9-31

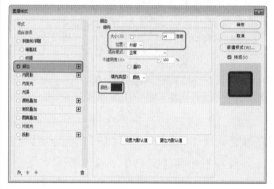

图 9-32

13 设置完成后，单击【确定】按钮，根据前面所介绍的方法将【装饰素材 05.png】素材文件置入文档中，并进行调整，效果如图 9-33 所示。

图 9-33

14 在工具箱中单击【横排文字工具】T.，在工作区中输入文本。选中输入的文本，在

【字符】面板中将【字体】设置为【微软雅黑】，将【字体样式】设置为【Regular】，将【字体大小】设置为54点，将【字符间距】设置为1400，将【颜色】设置为白色，如图9-34所示。

图 9-34

15 在【图层】面板中选择除【背景】图层与【展架背景】图层组外的其他图层，按住鼠标左键将其拖曳至【创建新组】按钮上，并将组名称设置为【展架主标题】。

知识链接：选择图层

在对图像进行处理时，我们可以通过下面的方法选择图层。

◎ 在【图层】面板中选择图层：在【图层】面板中单击任意一个图层，即可选择该图层并将其设置为当前图层，如图9-35所示；如果要选择多个连续的图层，可单击一个图层，然后按住 Shift 键单击最后一个图层，如图9-36所示；如果要选择多个非相邻的图层，可以按住 Ctrl 键单击这些图层，如图9-37所示。

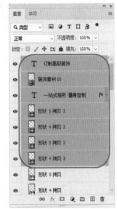

图 9-35   图 9-36   图 9-37

◎ 在图像窗口中选择图层：选择【移动工具】➕，在工作区中单击，即可选择相应的图层，如图9-38所示；如果单击多个重叠的图层，则可选择位于最上面的图层；如果要选择位于下面的图层，可单击鼠标右键，打开一个快捷菜单，其中列出了光标处所有包含像素的图层，如图9-39所示。

◎ 在图像窗口自动选择图层：如果文档中包含多个图层，则选择【移动工具】，勾选工具选项栏中的【自动选择】选项，然后在右侧的下拉列表中选择【图层】，如图9-40所示。当这些设置都完成后，使用【移动工具】在画面中单击时，可以自动选择光标下面包含的像素的最顶层的图层；如果文档中包含图层组，则勾选该项后，在右侧下拉列表中选择【组】，如图9-41所示。使用【移动工具】单击画面时，可以自动选择光标下面包含像素的最顶层的图层所在的图层组。

图 9-38

图 9-39

图 9-40

图 9-41

◎ 切换图层：选择了一个图层后，按 Alt+]（右中括号）组合键，可以将当前的图层切换
为与之相邻的上一个图层；按 Alt+[（左中括号）组合键，可以将当前图层切换为与之
相邻的下一个图层。

◎ 选择链接的图层：选择了一个链接图层后，在菜单栏中选择【图层】|【选择链接图层】
命令，可以选择与该图层链接的所有图层，如图 9-42 所示。

◎ 选择所有的图层：要选择所有的图层，可以在菜单栏中选择【选择】|【所有图层】命令。

◎ 取消选择所有的图层：如果不想选择任何图层，可以在菜单栏中选择【选择】|【取消
选择图层】命令，如图 9-43 所示；也可在背景图层下方的空白处单击。

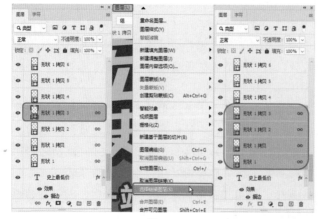
图 9-42

图 9-43

■ 9.1.3　制作展架内容介绍

制作完展架主标题后，接下来将介绍如何制作展架内容介绍，操作步骤如下。

01 在工具箱中单击【横排文字工具】 **T**，在工作区中输入文本。选中输入的文本，在【字符】面板中将【字体】设置为【微软雅黑】，将【字体样式】设置为【Bold】，将【字体大小】设置为 48 点，将【字符间距】设置为 100，将【水平缩放】设置为 93%，将【颜色】设置为 #f4d720，如图 9-44 所示。

图 9-44

02 继续使用【横排文字工具】在工作区中输入文本。选中输入的文本，在【字符】面板中将【字体】设置为【微软雅黑】，将【字体样式】设置为【Regular】，将【字体大小】设置为 14 点，将【行距】设置为 23.5 点，将【字符间距】设置为 0，将【水平缩放】设置为 100%，将【颜色】设置为白色，在【段落】面板中将【首行缩进】设置为 26 点，如图 9-45 所示。

图 9-45

03 将【装饰素材 06.png】素材文件置入文档中，并调整其位置，效果如图 9-46 所示。

图 9-46

04 根据前面所介绍的方法在工作区中输入其他文本内容，并进行相应的设置，效果如图 9-47 所示。

图 9-47

05 在工具箱中单击【椭圆工具】 ○，在工作区中绘制一个圆形，在【属性】面板中将【W】、【H】均设置为 101 像素，将【填充】设置为无，将【描边】设置为 #f5d720，将【描边宽度】设置为 3 像素，效果如图 9-48 所示。

图 9-48

06 对绘制的圆形进行复制，并调整复制后的圆形的位置，效果如图9-49所示。

图 9-49

07 根据前面所介绍的方法使用【直线工具】在工作区中绘制其他图形，并对绘制的图形进行复制，效果如图9-50所示。

图 9-50

08 在工具箱中单击【圆角矩形工具】，在工作区中绘制一个圆角矩形，在【属性】面板中将【W】、【H】分别设置为564像素、91像素，将【填充】设置为白色，将【描边】设置为无，将所有的【角半径】均设置为30像素，如图9-51所示。

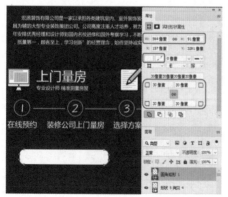

图 9-51

09 在【图层】面板中双击【圆角矩形1】图层，在弹出的【图层样式】对话框中勾选【投影】复选框，将【混合模式】设置为【正片叠底】，将【阴影颜色】设置为黑色，将【不透明度】设置为75%，取消勾选【使用全局光】复选框，将【角度】设置为90度，将【距离】、【扩展】、【大小】分别设置为14像素、0%、11像素，如图9-52所示。

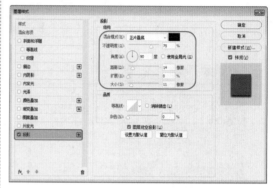

图 9-52

　　知识链接：【投影】图层样式
　　【投影】图层样式中的各个参数功能如下。
◎【混合模式】：用来设置投影与下面图层的混合模式，该选项默认为【正片叠底】。
◎【投影颜色】：单击【混合模式】右侧的色块，可以在打开的【选择阴影颜色】对话框中设置投影的颜色。
◎【不透明度】：拖动滑块或输入数值可以设置投影的不透明度，该值越高，投影越深；值越低，投影越浅。
◎【角度】：确定效果应用于图层时所采用的光照角度，可以在文本框中输入数值，也可以拖动圆形的指针来进行调整，指针的方向为光源的方向。
◎【使用全局光】：选中该复选框，所产生的光源作用于同一个图像中的所有图层。取消选中该复选框，产生的光源只作用于当前编辑的图层。

◎ 【距离】：控制阴影离图层中图像的距离，值越高，投影越远。也可以将光标放在场景文件的投影上，当光标变为 ✛ 形状，单击并拖动鼠标可直接调整摄影的距离和角度。

◎ 【扩展】：用来设置投影的扩展范围，受后面【大小】选项的影响。

◎ 【大小】：用来设置投影的模糊范围，值越高，模糊范围越广，值越小，投影越清晰。

◎ 【等高线】：应用这个选项可以使图像产生立体的效果。单击其下拉按钮，会弹出【等高线编辑器】窗口，从中可以根据图像选择适当的模式。

◎ 【消除锯齿】：选中该复选框，在用固定的选区做一些变化时，可以使变化的效果不至于显得很突然，效果过渡变得柔和。

◎ 【杂色】：用来在投影中添加杂色，该值较高时，投影将显示为点状。

◎ 【图层挖空投影】：用来控制半透明图层中投影的可见性。选择该选项后，如果当前图层的【填充】小于100%，则半透明图层中的投影不可见。

10 设置完成后，单击【确定】按钮，根据前面所介绍的方法在工作区中输入如图 9-53 所示的文本内容。

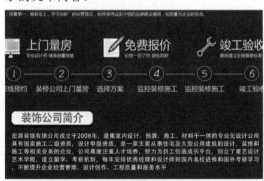

图 9-53

11 在工具箱中单击【矩形工具】，在工作区中绘制一个矩形，在【属性】面板中将【W】、

【H】分别设置为2000像素、322像素，将【填充】设置为 #f2b228，将【描边】设置为无，效果如图 9-54 所示。

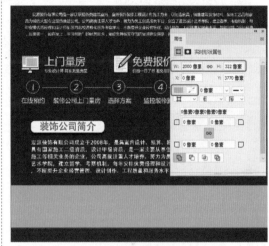

图 9-54

12 再次使用【矩形工具】在工作区中绘制一个矩形，在【属性】面板中将【W】、【H】分别设置为182像素、206像素，将【填充】设置为白色，将【描边】设置为无，效果如图 9-55 所示。

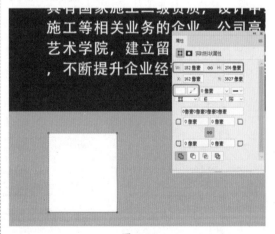

图 9-55

13 将【装饰素材 07.png】素材文件置入文档中，并调整其位置，在【图层】面板中双击【装饰素材 07】图层的名称，将其重新命名为【二维码】，效果如图 9-56 所示。

14 根据前面所介绍的方法在工作区中输入其他文本内容，并绘制相应的图形，效果如图 9-57 所示。

图 9-56

图 9-57

知识链接：命名图层

在图层数量较多的文档中，为一些图层设置容易识别的名称或者可以区别于其他图层的颜色，将便于我们在操作时查找图层。如果要快速修改一个图层的名称，可以在【图层】面板中双击该图层的名称，然后在显示的文本框中输入新名称，输入完成后在任意位置单击鼠标即可确认输入，如图 9-58 所示。

如果要为图层或者图层组设置颜色，可以在【图层】面板中选择该图层或者组，然后右键单击，在弹出的快捷菜单中选择所需的颜色命令，也可以按住 Alt 键在【图层】面板中单击【创建新组】按钮 ▢ 或【创建新图层】按钮 ▢ ，在这里单击【创建新图层】按钮 ▢ ，此时会打开【新建图层】对话框，此对话框中也包含了图层名称和颜色的设置选项，如图 9-59 所示。

图 9-58

图 9-59

15 在【图层】面板中选择除【背景】图层与【展架背景】图层组、【展架主标题】图层组外的其他图层，按住鼠标左键将其拖曳至【创建新组】按钮上，并将组名称设置为【展架内容介绍】。

9.2 活动宣传展架设计

为了更好地完成本设计案例，现对制作要求及设计内容做如下规划，效果如图 9-60 所示。

作品名称	活动宣传展架设计
作品尺寸	2268px×5102px
设计创意	（1）通过【矩形工具】制作背景图案，并为其添加图层蒙版，使绘制的矩形与背景色完美衔接在一起。 （2）利用【横排文字工具】进行排版设计，并为文字添加【斜面和浮雕】、【投影】等图层样式，使标题内容更加立体。 （3）利用【矩形工具】与【椭圆工具】制作优惠券底纹，输入相应的文字内容，并置入素材，使整体效果更佳。
主要元素	（1）灯笼素材。 （2）光晕素材。 （3）礼盒素材。
应用软件	Photoshop 2020
素材	素材 \Cha09\ 活动素材 01.png~ 装饰素材 09.png
场景	场景 \Cha09\9.2 活动宣传展架设计 .psd
视频	视频教学 \Cha09\9.2.1 制作活动展架背景 .mp4 视频教学 \Cha09\9.2.2 制作展架立体标题 .mp4 视频教学 \Cha09\9.2.3 制作活动内容 .mp4
活动宣传展架设计效果欣赏	图 9-60

■ 9.2.1 制作活动展架背景

本节将介绍如何制作活动展架背景，主要利用【矩形工具】绘制背景装饰，并置入素材文件，设置素材文件的【不透明度】与【混合模式】。

01 启动软件，按 Ctrl+N 组合键，在弹出的对话框中将【宽度】、【高度】分别设置为 2268 像素、5102 像素，将【分辨率】设置为 72 像素/英寸，将【颜色模式】设置为【CMYK 颜色】，将【背景内容】设置为【自定义】，将【颜色】设置为 #c11822，单击【创建】按钮。在工具箱中单击【矩形工具】 □，在工作区中绘制一个矩形，在【属性】面板中将【W】、【H】分别设置为 1892 像素、4040 像素，将【填充】设置为 #c9151e，将【描边】设置为无，并调整其位置，如图 9-61 所示。

图 9-61

02 在工具箱中单击【矩形工具】 □，在工作区中绘制一个矩形，在【属性】面板中将【W】、【H】分别设置为 1754 像素、3744 像素，将【填充】设置为 #df0517，将【描边】设置为无，并调整其位置，如图 9-62 所示。

03 在【图层】面板中选择【矩形 1】、【矩形 2】图层，按住鼠标左键将其拖曳至【创建新组】按钮上，单击【添加图层蒙版】按钮 □，将前景色设置为黑色。在工具箱中单击

【渐变工具】，在工具选项栏中将渐变设置为【前景色到透明渐变】，在工作区中拖动鼠标，填充渐变，效果如图 9-63 所示。

图 9-62

图 9-63

04 将【活动素材 01.png】素材文件置入文档中，并调整其位置，在【图层】面板中将【混合模式】设置为【线性光】，如图 9-64 所示。

图 9-64

知识链接：混合模式类型

混合模式可以将当前图层与下方图层混合在一起。混合模式是一种非破坏性编辑工具，可以随时添加、删除并修改。在 Photoshop 2020 中，提供了多项混合模式，如图 9-65 所示，其各个功能如下。

◎ 【正常】：默认的混合模式，图层的不透明度为 100% 时，将会完全遮盖下面的图像，降低不透明度可以将当前图层与下方图层进行混合。

◎ 【溶解】：当应用该混合模式并降低图层的不透明度时，可以使半透明区域上的像素离散，产生颗粒状。

◎ 【变暗】：查看每个通道中的颜色信息，并选择基色或混合色中较暗的颜色作为结果色，将替换比混合色亮的像素，而比混合色暗的像素保持不变。

◎ 【正片叠底】：查看每个通道中的颜色信息，并将基色与混合色进行正片叠底。结果色总是较暗的颜色。任何颜色与黑色正片叠底混合产生黑色。任何颜色与白色正片叠底混合保持不变。

◎ 【颜色加深】：通过增加图层之间的对比度来加强深色区域。与白色混合后不产生变化。

图 9-65

◎ 【线性加深】：通过减小亮度使基色变暗以反映混合色。与白色混合后将不发生变化。

◎ 【深色】：比较混合色和基色的所有通道值的总和并显示值较小的颜色。【深色】不会生成第三种颜色（可以通过【变暗】混合获得），因为它将从基色和混合色中选取最小的通道值来创建结果色。

◎ 【变亮】：选择基色或混合色中较亮的颜色作为结果色。比混合色暗的像素被替换，比混合色亮的像素保持不变。

◎ 【滤色】：将混合色的互补色与基色进行正片叠底，结果色总是较亮的颜色。用黑色过滤时颜色保持不变，用白色过滤将产生白色。此效果类似于多个摄影幻灯片在彼此之上投影。

◎ 【颜色减淡】：通过减小图层之间的对比度使基色变亮以反映出混合色。与黑色混合则不发生变化。

◎ 【线性减淡（添加）】：通过增加亮度使基色变亮以反映出混合色。与黑色混合则不发生变化。

◎ 【浅色】：比较混合色和基色的所有通道值的总和并显示值较大的颜色。【浅色】不会生成第三种颜色（可以通过【变亮】混合获得），因为它将从基色和混合色中选取最大的通道值来创建结果色。

◎ 【叠加】：对颜色进行正片叠底或过滤，具体取决于基色。图案或颜色在现有像素上叠加，同时保留基色的明暗对比。不替换基色，但基色与混合色相混以反映原始的亮度或暗度。

◎ 【柔光】：使颜色变暗或变亮，具体取决于混合色。此效果与发散的聚光灯照在图像上相似。如果混合色（光源）比 50% 灰色亮，则图像变亮，就像被减淡了一样。如果混合色（光源）比 50% 灰色暗，则图像变暗，就像被加深了一样。使用纯黑色或纯白色上色，可以产生明显变暗或变亮的区域，但不能生成纯黑色或纯白色。

◎ 【强光】：对颜色进行正片叠底或过滤，具体取决于混合色。此效果与耀眼的聚光灯照在图像上相似。如果混合色（光源）比 50% 灰色亮，则图像变亮，就像过滤后的效果。这对于向图像添加高光非常有用。如果混合色（光源）比 50% 灰色暗，则图像变暗，就像正片叠底后的效果。这对于向图像添加阴影非常有用。用纯黑色或纯白色上色会产生纯黑色或纯白色。

◎ 【亮光】：通过增加或减小对比度来加深或减淡颜色，具体取决于混合色。如果混合色（光源）比 50% 灰色亮，则通过减小对比度使图像变亮。如果混合色比 50% 灰色暗，则通过增加对比度使图像变暗。

◎ 【线性光】：通过减小或增加亮度来加深或减淡颜色，具体取决于混合色。如果混合色（光源）比 50% 灰色亮，则通过增加亮度使图像变亮。如果混合色比 50% 灰色暗，则通过减小亮度使图像变暗。

◎ 【点光】：根据混合色替换颜色。如果混合色（光源）比 50% 灰色亮，则替换比混合色暗的像素，而不改变比混合色亮的像素。如果混合色比 50% 灰色暗，则替换比混合色亮的像素，而比混合色暗的像素保持不变。这对于向图像添加特殊效果非常有用。

◎ 【实色混合】：将混合颜色的红色、绿色和蓝色通道值添加到基色的 RGB 值。如果通道的结果总和大于或等于 255，值为 255；如果小于 255，则值为 0。因此，所有混合像素的红色、绿色和蓝色通道值要么是 0，要么是 255。此模式会将所有像素更改为主要的加色（红色、绿色或蓝色）、白色或黑色。

◎ 【差值】：查看每个通道中的颜色信息，并从基色中减去混合色，或从混合色中减去基色，具体取决于哪一个颜色的亮度值更大。与白色混合将反转基色值；与黑色混合则不产生变化。

◎ 【排除】：创建一种与【差值】模式相似但对比度更低的效果。与白色混合将反转基色值，与黑色混合则不发生变化。

◎ 【减去】：可以从目标通道中相应的像素上减去源通道中的像素值。在 8 位和 16 位图像中，任何生成的负片值都会剪切为零。

◎ 【划分】：查看每个通道中的颜色信息，并从基色中划分混合色。

◎ 【色相】：用基色的明亮度和饱和度以及混合色的色相创建结果色。

◎ 【饱和度】：用基色的明亮度和色相以及混合色的饱和度创建结果色。在无（0）饱和度（灰度）区域上用此模式绘画不会产生任何变化。

◎ 【颜色】：用基色的明亮度以及混合色的色相和饱和度创建结果色。这样可以保留图像中的灰阶，并且对于给单色图像上色和给彩色图像着色都会非常有用。

◎ 【明度】：用基色的色相和饱和度以及混合色的明亮度创建结果色。此模式创建与【颜色】模式相反的效果。

05 将【活动素材 02.png】素材文件置入文档中，并调整其位置，在【图层】面板中将其【混合模式】设置为【明度】，【不透明度】设置为 35%，如图 9-66 所示。

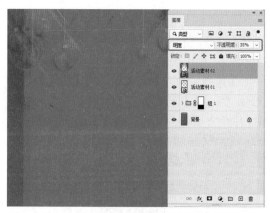

图 9-66

06 将【活动素材 03.png】素材文件置入文档中，并调整其位置，在【图层】面板中将【混合模式】设置为【滤色】，如图 9-67 所示。

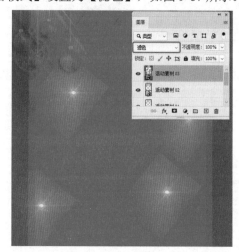

图 9-67

07 在【图层】面板中继续选中【活动素材03】图层，单击【添加图层蒙版】按钮，将前景色设置为黑色。在工具箱中单击【画笔工具】，在工作区中对图像的轮廓进行涂抹，使其与背景完美地融合在一起，效果如图 9-68 所示。

08 将【活动素材 04.png】素材文件置入文档中，并调整其位置，在菜单栏中选择【图像】|【调整】|【曲线】命令，如图 9-69所示。

09 在弹出的【曲线】对话框中单击鼠标左键，添加一个编辑点，将【输出】、【输入】分别设置为 50、56，如图 9-70 所示。

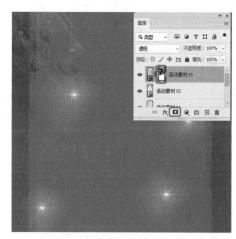

图 9-68

图 9-69

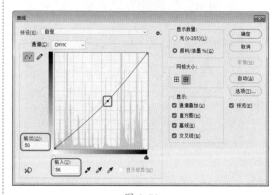

图 9-70

10 再添加一个编辑点，将【输出】、【输入】分别设置为 33、48，如图 9-71 所示。

11 设置完成后，单击【确定】按钮，即可完成对素材文件的设置。将除背景图层外的其他图层进行编组，并将组重新命名为【活动展架背景】。

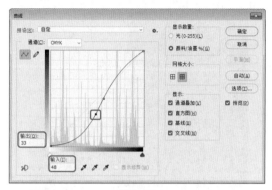

图 9-71

9.2.2　制作展架立体标题

本节将介绍如何制作展架立体标题，主要利用【横排文字工具】输入标题，并为其添加图层样式，使其产生立体质感。

01 在工具箱中单击【钢笔工具】 ，在工具选项栏中将【填充】设置为无，将【描边】设置为白色，将【描边宽度】设置为 30 像素，在工作区中绘制一个图形，如图 9-72 所示。

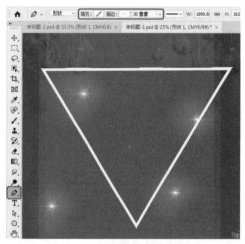

图 9-72

02 将背景色设置为黑色，在【图层】面板中选择【形状 1】图层，单击【添加图层蒙版】按钮，在工具箱中单击【矩形选框工具】 ，在【图层】面板中单击蒙版，在工作区中绘制一个矩形选框，按 Ctrl+Delete 组合键填充背景色，效果如图 9-73 所示。

03 按 Ctrl+D 组合键取消选区，在【图层】面板中双击【形状 1】图层，在弹出的对话

框中勾选【投影】复选框，将【混合模式】设置为【正片叠底】，将【阴影颜色】设置为 #bb3920，将【不透明度】设置为 68%，取消勾选【使用全局光】复选框，将【角度】设置为 90 度，将【距离】、【扩展】、【大小】分别设置为 8 像素、0%、4 像素，如图 9-74 所示。

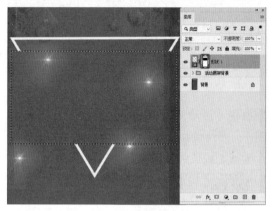

图 9-73

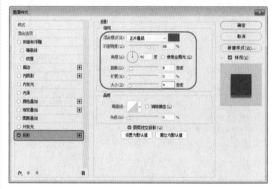

图 9-74

04 设置完成后，单击【确定】按钮，在工具箱中单击【横排文字工具】 ，在工作区中输入文本。选中输入的文本，在【字符】面板中将【字体】设置为【微软简综艺】，将【字体大小】设置为 414 点，将【字符间距】设置为 -40，将【颜色】设置为白色，在工作区中调整文本的位置，如图 9-75 所示。

05 在【图层】面板中双击【周年】图层，在弹出的对话框中勾选【投影】复选框，将【混合模式】设置为【正片叠底】，将【阴影颜色】设置为 #bb3920，将【不透明度】设置为 68%，取消勾选【使用全局光】复选框，将【角度】设置为 90 度，将【距离】、【扩展】、【大小】

分别设置为8像素、0%、4像素，如图9-76所示。

图 9-75

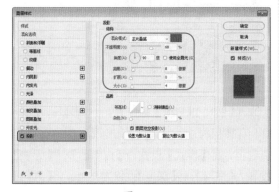

图 9-76

06 设置完成后，单击【确定】按钮，在工具箱中单击【横排文字工具】 T.，在工作区中输入文本。选中输入的文本，在【字符】面板中将【字体】设置为【微软简综艺】，将【字体大小】设置为508.5点，将【字符间距】设置为40，将【垂直缩放】设置为107%，将【颜色】设置为白色，在工作区中调整文本的位置，如图9-77所示。

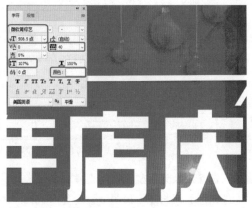

图 9-77

07 在【图层】面板中选择【店庆】图层，双

击鼠标左键，在弹出的对话框中勾选【描边】复选框，将【大小】设置为2像素，将【位置】设置为【外部】，将【颜色】设置为白色，如图9-78所示。

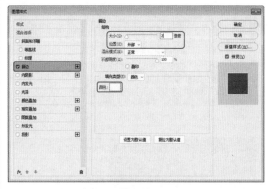

图 9-78

08 在该对话框中勾选【投影】复选框，将【混合模式】设置为【正片叠底】，将【阴影颜色】设置为#c5371d，将【不透明度】设置为68%，取消勾选【使用全局光】复选框，将【角度】设置为90度，将【距离】、【扩展】、【大小】分别设置为8像素、0%、4像素，如图9-79所示。

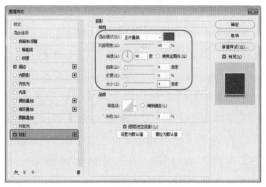

图 9-79

09 设置完成后，单击【确定】按钮，根据前面所介绍的方法创建如图9-80所示的文本，并对其进行相应的设置。

10 在工具箱中单击【圆角矩形工具】 □.，在工作区中绘制一个圆角矩形，在【属性】面板中将【W】、【H】分别设置为1227像素、157像素，将【填充】设置为白色，将【描边】设置为无，将【角半径】都设置为20像素，并在工作区中调整圆角矩形的位置，效果如图9-81所示。

图 9-80

图 9-81

11 在工具箱中单击【横排文字工具】 ![T图标]，在工作区中输入文本。选中输入的文本，在【字符】面板中将【字体】设置为【微软雅黑】，将【字体大小】设置为 86 点，将【字符间距】设置为 0，将【垂直缩放】设置为 100%，将【颜色】设置为 #c71d28，在工作区中调整文字的位置，如图 9-82 所示。

图 9-82

12 选择除【背景】图层、【活动展架背景】图层组、【时间：10 月 01 日至 10 月 07 日】文字图层之外的图层，按住鼠标左键将其拖曳至【创建新组】按钮 ![按钮] 上，将组名称重命名为【主标题】，效果如图 9-83 所示。

图 9-83

13 在【图层】面板【主标题】组上双击鼠标左键，弹出【图层样式】对话框，勾选【斜面和浮雕】复选框，将【样式】设置为【内斜面】，【方法】设置为【平滑】，将【深度】设置为 501%，将【方向】设置为【上】，将【大小】、【软化】分别设置为 12 像素、0 像素。在【阴影】选项组下方将【角度】设置为 90 度，【高度】设置为 30 度，【高光模式】设置为【滤色】，【颜色】设置为白色，【不透明度】设置为 49%，【阴影模式】设置为【正片叠底】，【颜色】设置为黑色，【不透明度】设置为 0%，如图 9-84 所示。

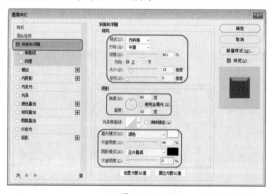

图 9-84

14 勾选【内发光】复选框，将【混合模式】设置为【滤色】，将【不透明度】设置为 16%，将【杂色】设置为 0%，将【发光颜色】设置为白色,将【方法】设置为【柔和】,选中【边缘】单选按钮,将【阻塞】设置为100%,将【大小】设置为1像素,将【等高线】设置为【线性】,将【范围】设置为50%,如图9-85所示。

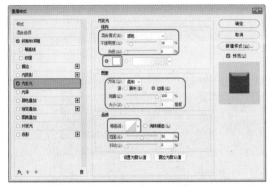

图 9-85

15 勾选【渐变叠加】复选框,单击【渐变】右侧的颜色条,弹出【渐变编辑器】对话框,将0%位置处的色标颜色设置为#e5b981;在33%位置处添加色标,将颜色设置为#f2d8bb;在68%处添加色标,将颜色设置为#e5b87f;将100%位置处的色标颜色设置为#e5b981,如图9-86所示。

图 9-86

16 单击【确定】按钮,返回至【图层样式】对话框,将【不透明度】设置为100%,将【样式】设置为【角度】,将【角度】设置为-87度,将【缩放】设置为100%,如图9-87所示。

17 勾选【投影】复选框,将【混合模式】设置为线性加深,将【阴影颜色】设置为#861c21,将【不透明度】、【角度】、【距离】、【扩展】、【大小】分别设置为58%、90度、

13像素、0%、14像素,如图9-88所示。

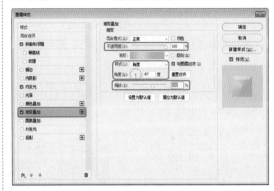

图 9-87

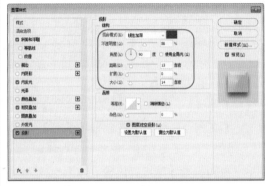

图 9-88

18 单击【确定】按钮,在【图层】面板中选择最顶层的图层,在工具箱中单击【多边形工具】 ◎ ,在工具选项栏中将【填充】设置为#fbdab5,将【描边】设置为无,单击【设置其他形状和路径选项】按钮 ✿ ,在弹出的选项面板中勾选【星形】复选框,将【缩进边依据】设置为30%,将【边】设置为5,在工作区中绘制一个星形,如图9-89所示。

图 9-89

知识链接：多边形的参数设置

选择【多边形工具】 后，在选项栏中单击【设置其他形状和路径选项】按钮 ，弹出如图9-90所示的选项面板，在该面板上可以设置相关参数，其中各个选项的功能如下。

◎ 【半径】：用来设置多边形或星形的半径。

◎ 【平滑拐角】：用来创建具有平滑拐角的多边形或星形。如图9-91所示为未勾选与勾选该复选框的对比效果。

图9-90　　　　　　　　　　　　图9-91

◎ 【星形】：勾选该复选框可以创建星形。

◎ 【缩进边依据】：当勾选【星形】复选框后该选项才会被激活，用于设置星形的边缘向中心缩进的数量，该值越高，缩进量就越大，如图9-92、图9-93所示为【缩进边依据】为30%和【缩进边依据】为80%的对比效果。

图9-92　　　　　　　　　　　　图9-93

◎ 【平滑缩进】：当勾选【星形】复选框后该选项才会被激活，勾选该复选框可以使星形的边平滑缩进，如图9-94、图9-95所示为勾选前与勾选后的对比效果。

图9-94　　　　　　　　　　　　图9-95

19 在【图层】面板中双击【多边形 1】图层，在弹出的【图层样式】对话框中勾选【斜面和浮雕】复选框，将【样式】设置为【内斜面】，将【方法】设置为【平滑】，将【深度】设置为 501%，将【方向】设置为【上】，将【大小】、【软化】分别设置为 12 像素、0 像素。在【阴影】选项组下方将【角度】设置为 90 度，【高度】设置为 30 度，【高光模式】设置为【滤色】，【颜色】设置为白色，【不透明度】设置为 49%，【阴影模式】设置为【正片叠底】，【颜色】设置为黑色，【不透明度】设置为 0%，如图 9-96 所示。

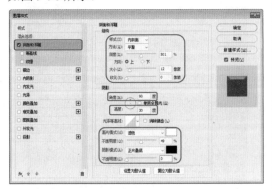

图 9-96

20 再在【图层样式】对话框中勾选【投影】复选框，将【混合模式】设置为【线性加深】，将【阴影颜色】设置为 #861c21，将【不透明度】、【角度】、【距离】、【扩展】、【大小】分别设置为 45%、90 度、12 像素、0%、13 像素，如图 9-97 所示。

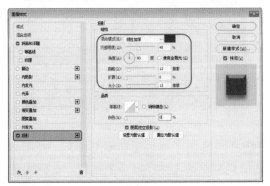

图 9-97

21 设置完成后，单击【确定】按钮，在【图层】面板中选择【多边形 1】图层，按 Ctrl+J 组合

键对其进行拷贝。选择拷贝后的图层，在工具箱中单击【多边形工具】，在工具选项栏中将【填充】设置为无，将【描边】设置为 #fbdab5，将【描边宽度】设置为 13 像素，并对复制的星形调整角度与大小，如图 9-98 所示。

图 9-98

22 对绘制的星形进行拷贝，并清除图层样式，效果如图 9-99 所示。选中除【背景】图层、【活动展架背景】图层组外的其他图层，按住鼠标左键将其拖曳至【创建新组】按钮上，并将组重新命名为【展架立体标题】。

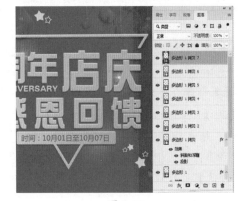

图 9-99

> **提示**：若要清除已经添加的图层样式，可以在选中带有图层样式的图层后右击鼠标，在弹出的快捷菜单中选择【清除图层样式】命令；还可以在【图层】面板中选择要清除的图层样式，将其直接拖曳到【删除图层】按钮 🗑 上。

■ 9.2.3 制作活动内容

本节将介绍如何制作活动展架内容部分，主要利用【横排文字工具】对文字进行排版，并利用【矩形工具】绘制优惠券，最后置入相应的素材文件即可。

01 在工具箱中单击【横排文字工具】 T.，在工作区中输入文本。选中输入的文本，在【字符】面板中将【字体】设置为【微软雅黑】，将【字体样式】设置为【Bold】，将【字体大小】设置为 135 点，将【字符间距】设置为 50，将【颜色】设置为 #faedce，如图 9-100 所示。

图 9-100

02 使用【横排文字工具】在工作区中输入文本。选中输入的文本，在【字符】面板中将【字体】设置为【微软雅黑】，将【字体样式】设置为【Regular】，将【字体大小】设置为 76 点，将【行距】设置为 111.5 点，将【字符间距】设置为 120，将【颜色】设置为白色，在【段落】面板中单击【居中对齐文本】按钮，如图 9-101 所示。

03 使用同样的方法在工作区中输入其他文本内容，并进行相应的设置，效果如图 9-102 所示。

04 在工具箱中单击【矩形工具】 □.，在工作区中绘制一个矩形，在【属性】面板中将【W】、【H】分别设置为 561 像素、287 像素，将【填充】设置为 #aabd2f，将【描边】设置为无，如图 9-103 所示。

图 9-101

图 9-102

图 9-103

05 在工具箱中单击【椭圆工具】，在工具选项栏中单击【路径操作】按钮，在弹出的下拉列表中选择【减去顶层形状】命令，在工作区中绘制一个正圆，并调整其位置，效果如图 9-104 所示。

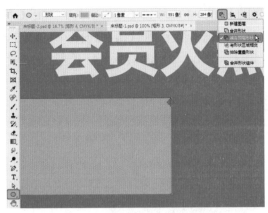

图 9-104

06 使用同样的方法在矩形图形上绘制其他圆形对象,效果如图 9-105 所示。

图 9-105

07 在工具箱中单击【椭圆工具】,在工具选项栏中单击【路径操作】按钮,在弹出的下拉列表中选择【新建图层】命令,在工作区中绘制一个圆形,在【属性】面板中将【W】、【H】均设置为 392 像素,将【填充】设置为无,将【描边】设置为白色,将【描边宽度】设置为 8 像素,如图 9-106 所示。

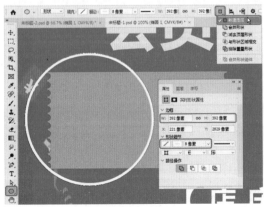

图 9-106

08 在【图层】面板中选择【椭圆 1】图层,右击鼠标,在弹出的快捷菜单中选择【创建剪贴蒙版】命令,如图 9-107 所示。

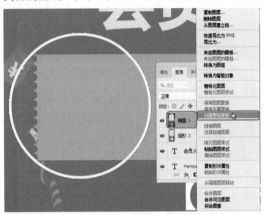

图 9-107

09 继续选中【椭圆 1】图层,在【图层】面板中将【不透明度】设置为 15%,如图 9-108 所示。

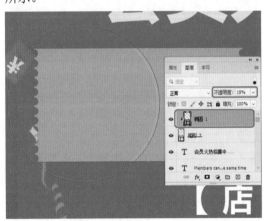

图 9-108

10 在工具箱中单击【横排文字工具】 T.,在工作区中输入文本。选中输入的文本,在【字符】面板中将【字体】设置为【创艺简老宋】,将【字体大小】设置为 300 点,将【颜色】设置为白色,在【图层】面板中将【券】文字图层的【不透明度】设置为 15,如图 9-109 所示。

11 使用【横排文字工具】在工作区中输入文本。选中输入的文本,在【字符】面板中将【字体】设置为【微软雅黑】,将【字体大小】设置为 65 点,将【颜色】设置为白色,如图 9-110 所示。

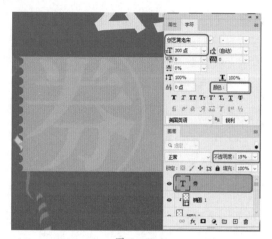

图 9-109

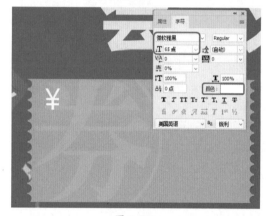

图 9-110

12 再次使用【横排文字工具】在工作区中输入文本。选中输入的文本，在【字符】面板中将【字体】设置为【汉仪菱心体简】，将【字体大小】设置为115点，将【字符间距】设置为40，将【垂直缩放】设置为130%，将【颜色】设置为白色，如图 9-111 所示。

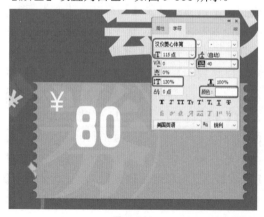

图 9-111

13 在工具箱中单击【矩形工具】，在工作区中绘制一个矩形，在【属性】面板中将【W】、【H】分别设置为 136 像素、43 像素，将【填充】设置为 #6b7930，将【描边】设置为无，如图 9-112 所示。

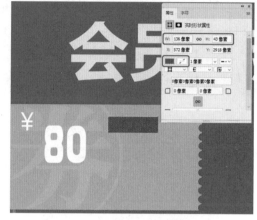

图 9-112

14 根据前面所介绍的方法输入其他文本内容，并绘制图形，效果如图 9-113 所示。

图 9-113

15 对制作的优惠券进行复制，并修改复制后的内容，效果如图 9-114 所示。

图 9-114

16 将【活动素材 05.png】、【活动素材 06.png】、【活动素材 07.png】素材文件置入文档中，并在【图层】面板中选择【活动素材 07】图层，将其【混合模式】设置为【线性减淡（添加）】，将【不透明度】设置为 60%，如图 9-115 所示。

图 9-115

17 将【活动素材 08.png】素材文件置入文档中，在【图层】面板中选择【活动素材 08】图层，将其【混合模式】设置为【线性减淡（添加）】，如图 9-116 所示。

图 9-116

18 使用同样的方法置入其他素材文件，并输入相应的文本内容，绘制图形，效果如图 9-117 所示。

图 9-117

19 在【图层】面板中选择除【背景】图层、【活动展架背景】图层组、【展架立体标题】图层组外的其他图层，按住鼠标左键将其拖曳至【创建新组】按钮上，并将组重新命名为【展架内容介绍】，在【图层】面板中单击【创建新的填充或调整图层】按钮 ，在弹出的列表中选择【色相/饱和度】命令，如图 9-118 所示。

图 9-118

20 在【属性】面板中将【色相】、【饱和度】、【明度】分别设置为 -2、22、0，如图 9-119 所示。

21 在【图层】面板中单击【创建新的填充或调整图层】按钮，在弹出的列表中选择【曲线】命令，在【属性】面板中添加一个编辑点，将【输入】、【输出】分别设置为 78、70；然后再添加一个编辑点，将【输入】、【输出】分别设置为 38、27，如图 9-120 所示。

图 9-119

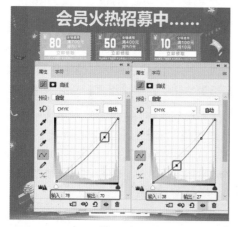

图 9-120

22 在【图层】面板中选择【活动展架背景】图层组，在【图层】面板中单击【锁定全部】按钮 🔒，将选中的图层组锁定，如图 9-121 所示。

提示：因为【活动展架背景】图层组中有多种图形、素材等对象叠加在一起，为了方便管理，在此将【活动展架背景】图层组进行锁定，这样在选择对象时，不会误选不需要的对象。

图 9-121

知识链接：锁定图层

在【图层】面板中，Photoshop 提供了用于保护图层透明区域、图像像素和位置的锁定功能，可以根据需要锁定图层的属性，以免编辑图像时对图层内容造成修改。当一个图层被锁定后，该图层名称的右侧会出现一个锁状图标；若要取消锁定，可以重新单击相应的锁定按钮，锁状图标也会消失。

在【图层】面板中有 4 项锁定功能，分别是锁定透明像素、锁定图像像素、锁定位置、锁定全部，下面分别进行介绍。

◎ 【锁定透明像素】按钮 ⊠：按下该按钮后，编辑范围将被限定在图层的不透明区域，图层的透明区域会受到保护。例如，使用画笔工具涂抹图像时，透明区域不会受到任何影响，如图 9-122 所示。如果在菜单栏中选择模糊类的滤镜时，想要保持图像边界的清晰，就可以启用该功能。

◎ 【锁定图像像素】按钮 ✎：按下该按钮后，只能对图层进行移动和变换操作，不能使用绘画工具修改图层中的像素。例如，不能在图层上进行绘画、擦除或应用滤镜，如图 9-123 所示为锁定图像像素后，使用画笔工具涂抹时弹出的警告。

图 9-122   图 9-123

◎ 【锁定位置】按钮 ✛：按下该按钮后，图层的位置将不能被移动，如图 9-124 所示。

◎ 【锁定全部】按钮 🔒：按下该按钮后，可以锁定以上的全部选项，如图 9-125 所示。

图 9-124   图 9-125

LESSON
课后项目
练习

婚礼展架设计

某婚庆公司要设计一款婚礼展架，要求展架颜色艳丽，选用温暖、可以充分体现爱意的素材图片，结合文字的排版制作出美观的效果。

1. 课后项目练习效果展示

效果如图 9-126 所示。

图 9-126

2. 课后项目练习过程概要

（1）置入素材文件，利用【横排文字工具】输入文字，并将输入的文字转换为形状，利用【直接选择工具】对文字形状进行调整。

（2）利用【矩形工具】绘制图形，并置入素材文件，置入花纹边框，制作照片展示效果。

（3）使用【横排文字工具】输入其他文本内容即可。

素材	素材 \Cha09\ 婚礼素材 01.png、婚礼素材 02.jpg、婚礼素材 03.png、婚礼素材 04.png
场景	场景 \Cha09\ 婚礼展架设计 .psd
视频	视频教学 \Cha09\ 婚礼展架设计 .mp4

01 启动软件，按 Ctrl+N 组合键，在弹出的对话框中将【宽度】、【高度】分别设置为 1500 像素、3375 像素，将【分辨率】设置为 72 像素 / 英寸，将【颜色模式】设置为【RGB 颜色】，将【背景内容】设置为【自定义】，将【颜色】设置为 # b61d22，单击【创建】按钮。将【婚礼素材 01.png】素材文件置入文档中，在【图层】面板中选择【婚礼素材 01】图层，将其【不透明度】设置为70%，如图 9-127 所示。

图 9-127

02 在工具箱中单击【横排文字工具】，在工作区中输入文本。选中输入的文本，在【字符】面板中将【字体】设置为【迷你简中倩】，将【字体大小】设置为 235 点，将【颜色】设置为白色，并在工作区中调整文字的位置，如图 9-128 所示。

03 在工作区中使用同样的方法输入其他文本，并对其进行相应的设置与调整，英文文本【字体】设置为【方正报宋简体】，效果如图 9-129 所示。

04 在【图层】面板中选择所有的文字图层，右击鼠标，在弹出的快捷菜单中选择【转换为形状】命令，如图 9-130 所示。

图 9-128

图 9-129

图 9-130

05 在【图层】面板中选择转换为形状的图层，右击鼠标，在弹出的快捷菜单中选择【合并形状】命令，如图 9-131 所示。

图 9-131

06 在工具箱中单击【直接选择工具】 ，在工作区中选择合并后的形状，对其进行调整。在【图层】面板中选择【married】图层，将其重新命名为【艺术字】，效果如图 9-132 所示。

图 9-132

提示：除了可以通过在【图层】面板中选择【合并形状】命令将形状进行合并外，按 Ctrl+E 组合键，或者在菜单栏中选择【图层】|【合并形状】命令，同样也可以将选中的形状进行合并。

知识链接：调整形状

在 Photoshop 中对形状进行调整时，因为操作需要将路径断开并重新链接，用户可以进行以下操作。

（1）首先在要断开的位置中间使用【钢笔工具】添加锚点，如图 9-133 所示。

（2）在工具箱中单击【直接选择工具】，在工作区中选择上面所添加的某个锚点，按 Delete 键将其删除，如图 9-134 所示。

（3）使用相同的方法将前面添加的另一个锚点删除。在工具箱中单击【钢笔工具】，将光标移至断开的路径锚点上，当光标变为 ◊ 形状时，单击鼠标左键，如图 9-135 所示。

（4）单击完成后，将光标移至另一侧锚点处，当光标再次变为 ◊ 形状时，单击鼠标左键，即可将路径闭合，如图 9-136 所示。

使用同样的方法将另一侧断开的路径闭合，并对路径进行调整即可，效果如图 9-137 所示。

| 图 9-133 | 图 9-134 | 图 9-135 | 图 9-136 | 图 9-137 |

在上面的操作中，涉及钢笔工具的指针，不同的指针反映其当前绘制状态。以下指针指示各种绘制状态。

◎ 初始锚点指针 ◊*：选中钢笔工具后看到的第一个指针，指示下一次在舞台上单击鼠标时将创建初始锚点，它是新路径的开始（所有新路径都以初始锚点开始）。

◎ 连续锚点指针 ◊：指示下一次单击鼠标时将创建一个锚点，并用一条直线与前一个锚点相连接。

◎ 添加锚点指针 ◊+：指示下一次单击鼠标时将向现有路径添加一个锚点。若要添加锚点，必须选择路径，并且钢笔工具不能位于现有锚点的上方。根据其他锚点，重绘现有路径。一次只能添加一个锚点。

◎ 删除锚点指针 ◊-：指示下一次在现有路径上单击鼠标时将删除一个锚点。若要删除锚点，必须用选择工具选择路径，并且指针必须位于现有锚点的上方。根据删除的锚点，重绘现有路径。一次只能删除一个锚点。

◎ 连续路径指针 ◊：从现有锚点扩展新路径。若要激活此指针，光标必须位于路径上现有锚点的上方。仅在当前未绘制路径时，此指针才可用。锚点未必是路径的终端锚点；任何锚点都可以是连续路径的位置。

◎ 闭合路径指针 ◊。：在正在绘制的路径的起始点处闭合路径。只能闭合当前正在绘制的路径，并且现有锚点必须是同一个路径的起始锚点。生成的路径没有将任何指定的填充颜色设置应用于封闭形状；单独应用填充颜色。

◎ 连接路径指针 ◊。：除了光标不能位于同一个路径的初始锚点上方外，与闭合路径工具基本相同。该指针必须位于唯一路径的任一端点上方。

◎ 回缩贝塞尔手柄指针 ◊：当光标位于显示其贝塞尔手柄的锚点上方时显示。单击鼠标，将回缩贝塞尔手柄，并使得穿过锚点的弯曲路径恢复为直线段。

07 双击【艺术字】图层，在弹出的对话框中
勾选【投影】复选框，将【混合模式】设置为【正
片叠底】，将【阴影颜色】设置为#7d000c，
将【不透明度】设置为51%，取消勾选【使
用全局光】复选框，将【角度】设置为90度，
将【距离】、【扩展】、【大小】分别设置
为7像素、0%、6像素，如图9-138所示。

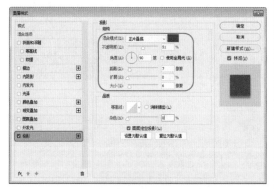

图 9-138

08 设置完成后，单击【确定】按钮，添加
投影后的效果如图9-139所示。

图 9-139

09 在工具箱中单击【矩形工具】 ，在工
作区中绘制一个矩形，在【属性】面板中将
【W】、【H】分别设置为1017像素、1485
像素，将【填充】设置为#9b0a20，将【描边】
设置为白色，将【描边宽度】设置为11像素，
如图9-140所示。

10 将【婚礼素材02.jpg】素材文件置入文档
中，适当调整对象的大小及位置，在【图层】
面板中选择【婚礼素材02】图层，右击鼠标，
在弹出的快捷菜单中选择【创建剪贴蒙版】
命令，如图9-141所示。

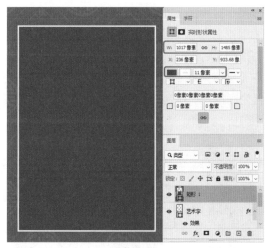

图 9-140

图 9-141

11 将【婚礼素材03.png】素材文件置入文档
中，适当调整素材文件，如图9-142所示。

图 9-142

12 在工具箱中单击【横排文字工具】 ，

在工作区中输入文本。选中输入的文本，在【字符】面板中将【字体】设置为【汉仪长美黑简】，将【字体大小】设置为120点，将【字符间距】设置为-100，将【颜色】设置为白色，如图9-143所示。

图 9-143

13 在工具箱中单击【钢笔工具】，在工具选项栏中将【填充】设置为白色，将【描边】设置为无，在工作区中绘制如图9-144所示的图形。

图 9-144

14 将【婚礼素材04.png】素材文件置入文档中，适当调整对象的大小及位置，如图9-145所示。

15 在工具箱中单击【横排文字工具】 T.，输入文本。选中输入的文本，在【字符】面板中将【字体】设置为【方正准圆简体】，将【字体大小】设置为93点，将【字符间距】设置为10，将【颜色】设置为白色，如图9-146

所示。

图 9-145

图 9-146

16 在工具箱中单击【横排文字工具】 T.，输入文本。选中输入的文本，在【字符】面板中将【字体】设置为【方正准圆简体】，将【字体大小】设置为31点，将【字符间距】设置为10，将【颜色】设置为白色，如图9-147所示。

图 9-147

第 10 章
淘宝店铺设计

本章导读：

    在很多淘宝店铺中，为了增添艺术效果，将多种颜色以及复杂的图形相结合，让画面看起来色彩斑斓、光彩夺目，从而激发大众的购买欲，使顾客对店铺内容有新的兴趣，提高购买率，这也是淘宝店铺的一大特点。本章将介绍如何进行淘宝店铺设计。

10.1 护肤品淘宝店铺设计

为了更好地完成本设计案例，现对制作要求及设计内容做如下规划，效果如图 10-1 所示。

作品名称	护肤品淘宝店铺设计
作品尺寸	1290px×2223px
设计创意	（1）制作店铺 banner，置入素材文件，并利用【横排文字工具】输入文本，通过为文本添加【斜面和浮雕】、【渐变叠加】、【投影】图层样式，使文本更加立体，增强画面的层次感。 （2）通过绘制图形并为绘制的图形添加图层样式来制作店铺优惠券，制作三维立体文字效果，使优惠券更加富有设计感。 （3）通过绘制图形制作三维立体展台，通过对文字内容的排版，使产品展示完美地与整体效果融合在一起。
主要元素	（1）banner 背景。 （2）护肤品产品。 （3）装饰。
应用软件	Photoshop 2020
素材	素材 \Cha10\ 护肤品素材 01.jpg、护肤品素材 02.png、护肤品素材 03.png、护肤品素材 04.png、护肤品素材 05.png、护肤品素材 06.png、护肤品素材 07.png、护肤品素材 08.png、护肤品素材 09.png、等高线 01.shc
场景	场景 \Cha10\10.1　护肤品淘宝店铺设计 .psd
视频	视频教学 \Cha10\10.1.1　护肤品 banner 设计 .mp4 视频教学 \Cha10\10.1.2　店铺优惠券设计 .mp4 视频教学 \Cha10\10.1.3　产品展示设计 .mp4
护肤品淘宝店铺设计效果欣赏	 图 10-1

10.1.1 护肤品 banner 设计

护肤品已成为每个女性必备的用品，成功的化妆能激发女性生理上的活力，增强自信心。随着消费者自我意识的日渐提升，护肤品市场迅速发展；随着网络时代的飞速发展，不少商家都采用店铺 banner 对产品进行宣传。下面将介绍如何进行护肤品 banner 设计。

`01` 启动软件，按 Ctrl+N 组合键，在弹出的对话框中将【宽度】、【高度】分别设置为 1290 像素、2223 像素，将【分辨率】设置为 72 像素 / 英寸，将【背景内容】设置为【自定义】，将【颜色】设置为 #9b0a20，单击【创建】按钮。在菜单栏中选择【文件】|【置入嵌入对象】命令，在弹出的对话框中选择【素材 \Cha10\ 护肤品素材 01.jpg】素材文件，单击【置入】按钮，在工作区中调整其大小与位置，并按 Enter 键完成置入，如图 10-2 所示。

图 10-2

`02` 在工具箱中单击【横排文字工具】 T，在工作区中输入文本。选中输入的文本，在【字符】面板中将【字体】设置为【汉仪菱心体简】，将【字体大小】设置为 129 点，将【字符间距】

设置为 -25，将【垂直缩放】设置为 94%，将【颜色】设置为 #ffffff，并在工作区中调整其位置，效果如图 10-3 所示。

图 10-3

`03` 在【图层】面板中选择【钜惠盛典】文字图层，单击【添加图层样式】按钮 fx，在弹出的下拉列表中选择【斜面和浮雕】命令，如图 10-4 所示。

图 10-4

> 提示：除了可以通过【添加图层样式】按钮为选中的图层添加图层样式外，在选中的图层上双击鼠标，同样也可以添加图层样式。

`04` 在弹出的【图层样式】对话框中将【样式】设置为【浮雕效果】，将【方法】设置为【平滑】，将【深度】设置为 1%，选中【上】单选按钮，取消勾选【使用全局光】复选框，将【大小】、

【软化】、【角度】、【高度】分别设置为
5 像素、0 像素、-58 度、21 度，将【高光模
式】设置为【滤色】，将【高亮颜色】设置
为#ffe6c5，将【高光模式】下的【不透明度】
设置为 50%，将【阴影模式】设置为【正片
叠底】，将【阴影颜色】设置为#c34a20，将【阴
影模式】下的【不透明度】设置为 50%，如
图 10-5 所示。

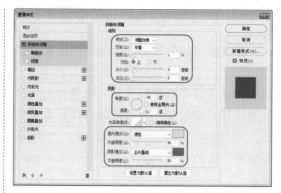

图 10-5

知识链接：初识图层

图层就像是含有文字或图像等元素的胶片，一张张按顺序叠放在一起，组合起来形成页
面的最终效果。通过简单地调整各个图层之前的关系，能够实现更加丰富和复杂的视觉效果。

在 Photoshop 中，图层是最重要的功能之一，承载着图像和各种蒙版，控制着对象的
不透明度和混合模式。另外，通过图层还可以管理复杂的对象，提高工作效率。

图层就好像是一张张堆叠在一起的透明画纸，用户要做的就是在几张透明纸上分别作
画，再将这些纸按一定顺序叠放在一起，使它们共同组成一幅完整的图像，如图 10-6 所示。

图层的出现使平面设计进入了另一个世界，那些复杂的图像一下子变得简单清晰起来。
通常认为 Photoshop 中的图层有 3 种特性：透明性、独立性和叠加性。

【图层】面板是用来管理图层的。在【图层】面板中，图层是按照创建的先后顺序堆叠
排列的，上面的图层会覆盖下面的图层，因此，调整图层的堆叠顺序会影响图像的显示效果。

在【图层】面板中，图层名称的左侧是该图层的缩览图，它显示了图层中包含的图像
内容。仔细观察缩览图可以发现，有些缩览图带有灰白相间的棋盘格，它代表了图层的透
明区域，隐藏背景图层后，可见图层的透明区域在图像窗口中也会显示为棋盘格状，如果
隐藏所有的图层，则整个图像都会显示为棋盘格状。

当要编辑某一图层中的图像时，可以在【图层】面板中单击该图层，将它选中。选
择一个图层后，即可将
它设置为当前操作的图
层（称为当前图层），
该图层的名称会出现在
文档窗口的标题栏中，
如图 10-7 所示。在进行
编辑时，只处理当前图
层中的图像，不会对其
他图层的图像产生影响。

图 10-6

图 10-7

05 单击【光泽等高线】右侧等高线缩览图，在弹出的【等高线编辑器】对话框中单击【载入】按钮，如图10-8所示。

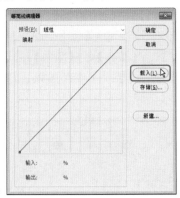

图 10-8

06 在弹出的对话框中选择【素材\Cha10\等高线01.shc】素材文件，单击【载入】按钮，在返回的【等高线编辑器】对话框中单击【确定】按钮。在【图层样式】对话框中选择【渐变叠加】选项，单击渐变条，在弹出的【渐变编辑器】对话框中将左侧色标的颜色值设置为#ffe8cb，将其【位置】设置为5%；在37%位置处添加一个色标，将其颜色值设置为#ffbd91；在61%位置处添加一个色标，将其颜色值设置为#ffedcb；在85%位置处添加一个色标，将其颜色值设置为#ffb283；将右侧色标的颜色值设置为#ffe9d2，如图10-9所示。

图 10-9

07 设置完成后，单击【确定】按钮，将【样式】设置为【线性】，将【角度】设置为17度，将【缩放】设置为150%，如图10-10所示。

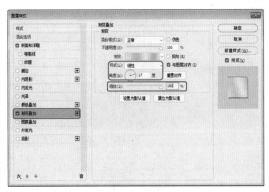

图 10-10

08 再在【图层样式】对话框中选择【投影】选项，将【混合模式】设置为【正片叠底】，将【阴影颜色】设置为#8a1617，将【不透明度】设置为71%，取消勾选【使用全局光】复选框，将【角度】、【距离】、【扩展】、【大小】分别设置为113度、15像素、0%、16像素，如图10-11所示。

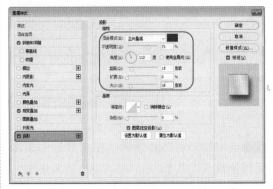

图 10-11

09 设置完成后，单击【确定】按钮，在工具箱中单击【横排文字工具】T.，在工作区中输入文本。选中输入的文本，在【字符】面板中将【字体】设置为【Adobe 黑体 Std】，将【字体大小】设置为36点，将【字符间距】设置为-10，如图10-12所示。

10 在工具箱中单击【圆角矩形工具】，在工作区中绘制一个圆角矩形，在【属性】面板中将【W】、【H】分别设置为481像素、53像素，将【填充】设置为#a40000，将【描边】设置为无，将所有的【角半径】均设置为10像素，并调整其位置，效果如图10-13所示。

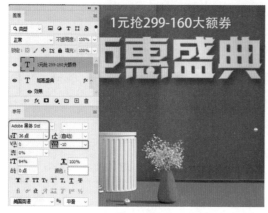

图 10-12

图 10-13

11 选中绘制的圆角矩形，在工具箱中单击【添加锚点工具】 ，在选中的圆角矩形上添加锚点，并对添加的锚点进行调整，效果如图 10-14 所示。

图 10-14

12 在【图层】面板中选择【圆角矩形 1】图层，双击该图层，在弹出的对话框中选择【内阴影】选项，将【混合模式】设置为【正片叠底】，将【阴影颜色】设置为 #6f0000，将【不透明度】设置为 50%，取消勾选【使用全局光】复选框，将【角度】、【距离】、【阻塞】、【大小】分别设置为 120 度、11 像素、0%、13 像素，如图 10-15 所示。

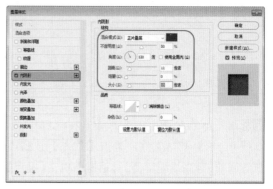

图 10-15

提示：图层样式是指图形图像处理软件 Photoshop 中的一项图层处理功能，它能够简单快捷地制作出各种立体投影、各种质感以及光景效果的图像特效，可以为包括普通图层、文本图层和形状图层在内的任何种类的图层应用图层样式。

13 设置完成后，单击【确定】按钮，在【图层】面板中选择【圆角矩形 1】图层，按 Ctrl+J 组合键对选中的图层进行复制，双击【圆角矩形 1 拷贝】图层，在弹出的【图层样式】对话框中取消选择【内阴影】选项，选择【斜面和浮雕】选项，将【样式】设置为【内斜面】，将【方法】设置为【平滑】，将【深度】设置为 806%，选中【上】单选按钮，取消勾选【使用全局光】复选框，将【大小】、【软化】、【角度】、【高度】分别设置为 5 像素、0 像素、90 度、30 度，将【光泽等高线】设置为【线性】，将【高光模式】设置为【滤色】，将【高亮颜色】设置为 #ffffff，将【高光模式】下的【不透明度】设置为 50%，将【阴影模式】

设置为【正片叠底】，将【阴影颜色】设置为 # a41502，将【阴影模式】下的【不透明度】设置为 50%，如图 10-16 所示。

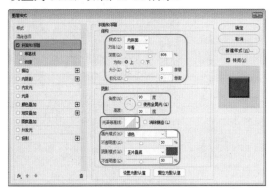

图 10-16

知识链接：复制图层

在 Photoshop 中，可以通过以下 3 种方法来复制图层。

◎ 通过组合键复制：选择要复制的图层，按 Ctrl+J 组合键复制选中的图层。

◎ 通过【图层】面板复制：将需要复制的图层拖至【图层】面板中的【创建新图层】按钮 上，即可复制该图层。

◎ 移动复制：使用【移动工具】 ，按住 Alt 键拖动图像可以复制图像，Photoshop 会自动创建一个图层来承载复制后的图像。如果在图像中创建了选区，则将光标放在选区内，按住 Alt 键拖动可复制选区内的图像，但不会创建新图层。

14 设置完成后，单击【确定】按钮。继续选中【圆角矩形 1 拷贝】图层，在工具箱中单击【直接选择工具】 ，在工具选项栏中将【填充】设置为无，单击【描边】右侧的色块，在弹出的下拉面板中单击【渐变】按钮 ，单击渐变条，在弹出的【渐变编辑器】对话框中将左侧色标的颜色值设置为 #f7d0a9；在 55% 位置处添加一个色标，将其颜色值设置为 #fdeecf；将右侧色标的颜色值设置为

#f8cea8。设置完成后，单击【确定】按钮，将【样式】设置为【线性】，将【渐变旋转】设置为 90，将【缩放】设置为 100%，将【描边宽度】设置为 5 像素，如图 10-17 所示。

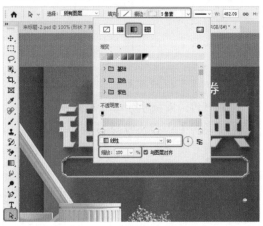

图 10-17

知识链接：斜面和浮雕

斜面和浮雕相关的各个参数选项如下。

◎ 【样式】：在此下拉列表中共有 5 个模式，分别是【外斜面】、【内斜面】、【浮雕效果】、【枕状浮雕】和【描边浮雕】。

◎ 【方法】：在此下拉列表中有 3 个选项，分别是【平滑】、【雕刻清晰】和【雕刻柔和】。

» 【平滑】：选择这个选项可以得到边缘过渡比较柔和的图层效果，也就是它得到的阴影边缘变化不尖锐。

» 【雕刻清晰】：选择这个选项将产生边缘变化明显的效果。比起【平滑】选项，它产生的效果立体感特别强。

» 【雕刻柔和】：与【雕刻清晰】类似，但是它的边缘色彩变化要稍微柔和一点。

◎ 【深度】：控制效果的颜色深度，数值越大，得到的阴影越深；数值越小，得到的阴影颜色越浅。

◎ 【方向】：它包括【上】、【下】两

个方向,用来切换亮部和阴影的方向。
选择【上】单选按钮,则亮部在上面;
选择【下】单选按钮,则亮部在下面。

◎ 【大小】:用来设置斜面和浮雕中阴影面积的大小。

◎ 【软化】:用来设置斜面和浮雕的柔和程度,该值越高,效果越柔和。

◎ 【角度】:控制灯光在圆中的角度。圆中的圆圈符号可以用鼠标移动。

◎ 【高度】:指光源与水平面的夹角。值为 0 表示底边,值为 90 表示图层的正上方。

◎ 【使用全局光】:决定应用于图层效果的光照角度。既可以定义全部图层的光照效果,也可以将光照应用到单个图层中,制造出一种连续光源照在图像上的效果。

◎ 【光泽等高线】:此选项可以改变浮雕表面的光泽形状。

◎ 【消除锯齿】:选中该复选框,可以使混合等高线或光泽等高线的边缘像素变化的效果不至于显得很突然,使效果过渡变得柔和。此选项在具有复杂等高线的小阴影上最有用。

◎ 【高光模式】:指定斜面或浮雕高光的混合模式。相当于在图层的上方有一个带色光源,光源的颜色可以通过右边的颜色方块来调整. 它会使图层实现许多种不同的效果。

◎ 【阴影模式】:指定斜面或浮雕阴影的混合模式,可以调整阴影的颜色和模式。通过右边的颜色方块可以改变阴影的颜色,在下拉列表中可以选择阴影的模式。

15 在工具箱中单击【横排文字工具】 **T.**,在工作区中输入文本。选中输入的文本,在【字符】面板中将【字体】设置为【Adobe 黑体 Std】,将【字体大小】设置为 28 点,将

【字符间距】设置为 -50,将【垂直缩放】设置为 110%,将【颜色】设置为白色,效果如图 10-18 所示。

图 10-18

16 使用同样的方法在文档窗口中输入其他文本内容,效果如图 10-19 所示。

图 10-19

17 将【护肤品素材 02.png】、【护肤品素材 03.png】置入文档中,并调整其大小与位置,如图 10-20 所示。

18 在【图层】面板中选择除【背景】图层外的其他图层,按住鼠标左键将它们拖曳至【创建新组】按钮 ▢ 上,释放鼠标后,即可为选中的图层创建一个图层组。在组名称上双击鼠标,将其重新命名为【护肤品 banner】,如图 10-21 所示。

提示:在默认情况下,图层组为【穿透】模式,它表示图层组不具备混合属性;如果选择其他模式,则组中的图层将以该组的混合模式产生混合效果。

图 10-20

图 10-21

知识链接：图层组

在 Photoshop 中，一个复杂的图像会包含几十，甚至几百个图层，如此多的图层，在操作时是一件非常麻烦的事。如果使用图层组来组织和管理图层，就可以使【图层】面板中的图层结构更加清晰、合理。

（1）创建图层组的方法

在 Photoshop 中可以通过以下三种方式来创建图层组。

◎ 在【图层】面板中，单击【创建新组】按钮 ▢，如图 10-22 所示，即可创建一个空的图层组。

◎ 在菜单栏中选择【图层】|【新建】|【组】命令，则可以打开【新建组】对话框，在其中输入图层组的名称，也可以为它选择颜色，然后单击【确定】按钮，即可按照设置的选项创建一个图层组，如图 10-23 所示。

◎ 选中要创建图层组的图层，按住鼠标左键将其拖曳至【创建新组】按钮上。

图 10-22

图 10-23

（2）命名图层组

图层组的命名方法与图层的重新命名方法一致，对图层组双击即可对图层组名称进行更改，或者在新建图层组时，按住 Alt 键在【图层】面板中单击【创建新组】按钮 ▢，在弹出的【新建组】对话框中进行设置，如图 10-24 所示。

图 10-24

（3）删除图层组

在【图层】面板中将图层组拖至【删除图层】按钮 🗑 上，可以删除该图层组及组中的所有图层。如果想要删除图层组，但保留组内的图层，可以选择图层组，然后单击【删除图层】按钮 🗑 ，在弹出提示对话框中单击【仅组】按钮即可，如图 10-25 所示。

如果单击【组和内容】按钮，则会删除图层组以及组中所有的图层，如图 10-26 所示。

图 10-25　　　　　　　　　　　　　图 10-26

■ 10.1.2　店铺优惠券设计

优惠券可降低产品的价格，是一种常见的销售推广工具。本节将介绍店铺优惠券的设计方法。

01 继续上面的操作，选择【护肤品 banner】图层组，在【图层】面板中单击【创建新组】按钮 ▢ ，将新建的组重新命名为【优惠券】。在工具箱中单击【钢笔工具】 🖊 ，在工具选项栏中将【工具模式】设置为【形状】，将【填充】设置为 #900113，将【描边】设置为无，在工作区中绘制如图 10-27 所示的图形。

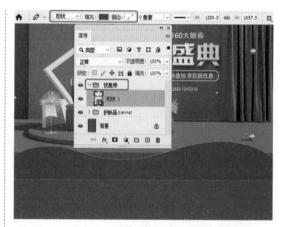

图 10-27

02 在【图层】面板中双击【形状 1】图层，在弹出的对话框中选择【斜面和浮雕】选项，

将【样式】设置为【内斜面】，将【方法】
设置为【平滑】，将【深度】设置为 100%，
选中【上】单选按钮，将【大小】、【软化】
分别设置为 1 像素、0 像素，取消勾选【使
用全局光】复选框，将【角度】、【高度】
分别设置为 90 度、30 度，将【高光模式】
设置为【叠加】，将【高亮颜色】设置为白
色，将【不透明度】设置为 75%，将【阴影
模式】设置为【正片叠底】，将【阴影颜色】
设置为黑色，将【不透明度】设置为 0%，如
图 10-28 所示。

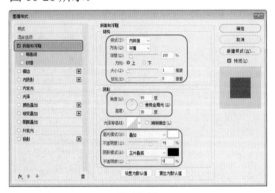

图 10-28

03 设置完成后，再在【图层样式】对话框中
选择【投影】选项，将【混合模式】设置为
【叠加】，将【阴影颜色】设置为黑色，将【不
透明度】设置为 86%，取消勾选【使用全局光】
复选框，将【角度】设置为 90 度，将【距离】、
【扩展】、【大小】分别设置为 0 像素、0%、
39 像素，如图 10-29 所示。

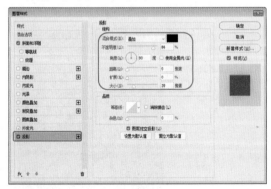

图 10-29

04 设置完成后，单击【确定】按钮。在工
具箱中单击【钢笔工具】 ，在工具选项栏

中将【填充】设置为 #900113，将【描边】设
置为无，在工作区中绘制如图 10-30 所示的
图形。

图 10-30

05 在【图层】面板中选择【形状 1】图层，
右击鼠标，在弹出的快捷菜单中选择【拷贝
图层样式】命令。选择【形状 2】图层，右击
鼠标，在弹出的快捷菜单中选择【粘贴图层
样式】命令，为【形状 2】图层添加图层样式，
效果如图 10-31 所示。

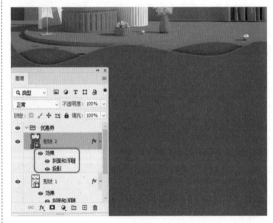

图 10-31

06 根据前面所介绍的方法将【护肤品素材
04.png】、【护肤品素材 05.png】素材文件置
入文档中，并在工作区中调整其位置，效果
如图 10-32 所示。

图 10-32

07 在【图层】面板中双击【护肤品素材05】图层，在弹出的对话框中选择【投影】选项，将【混合模式】设置为【正片叠底】，将【阴影颜色】设置为#040000，将【不透明度】设置为20%，取消勾选【使用全局光】复选框，将【角度】设置为90度，将【距离】、【扩展】、【大小】分别设置为16像素、0%、18像素，如图 10-33 所示。

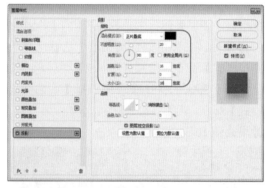

图 10-33

08 设置完成后，单击【确定】按钮，在工具箱中单击【横排文字工具】**T.**，在工作区中输入文本。选中输入的文本，在【字符】面板中将【字体】设置为【Adobe 黑体 Std】，将【字体大小】设置为42点，将【字符间距】设置为0，将【垂直缩放】设置为100%，将【颜色】设置为白色，单击【仿粗体】按钮 **T**，并在工作区中调整其位置，如图 10-34 所示。

09 再次使用【横排文字工具】**T.**在工作区中输入文本。选中输入的文本，在【字符】面板中将【字体大小】设置为24点，取消单击【仿粗体】按钮 **T**，并在工作区中调整其位置，如图 10-35 所示。

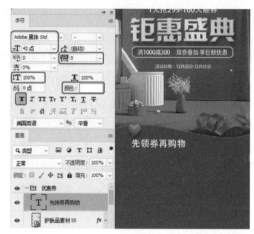

图 10-34

图 10-35

10 在工具箱中单击【椭圆工具】 ◯，在工作区中绘制一个圆形，在【属性】面板中将【W】、【H】均设置为204像素，将【填充】设置为无，将【描边】设置为黑色，将【描边宽度】设置为6像素，在工作区中调整其位置，效果如图 10-36 所示。

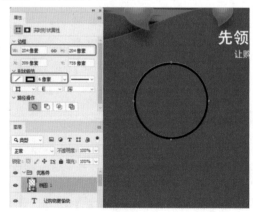

图 10-36

11 在【图层】面板中双击【椭圆 1】图层，在弹出的【图层样式】对话框中选择【内阴影】选项，将【混合模式】设置为【叠加】，将【阴影颜色】设置为 #f3e4d3，将【不透明度】设置为 100%，取消勾选【使用全局光】复选框，将【角度】、【距离】、【阻塞】、【大小】分别设置为 90 度、2 像素、0%、5 像素，如图 10-37 所示。

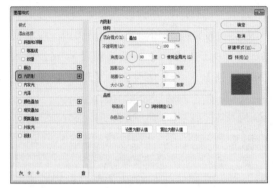

. 图 10-37

12 在【图层样式】对话框中选择【渐变叠加】选项，单击渐变条，在弹出的【渐变编辑器】对话框中将左侧色标的颜色值设置为 #f9ddc2，将其【位置】设置为 11%；在 36% 位置处添加一个色标，将其颜色值设置为 #f1ab86；在 71% 位置处添加一个色标，将其颜色值设置为 #fdd7b5；将右侧色标的颜色值设置为 #f1ab86，将其【位置】设置为 93%，如图 10-38 所示。

图 10-38

13 设置完成后，单击【确定】按钮。将【样式】设置为【线性】，将【角度】设置为 -29 度，

将【缩放】设置为 145%，如图 10-39 所示。

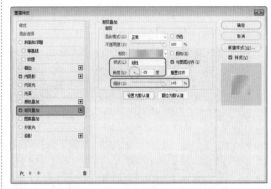

图 10-39

14 设置完成后，单击【确定】按钮。在工具箱中单击【椭圆工具】，在工作区中绘制一个圆形，在【属性】面板中将【W】、【H】均设置为 185 像素，将【填充】设置为 #c31019，将【描边】设置为无，并在工作区中调整其位置，效果如图 10-40 所示。

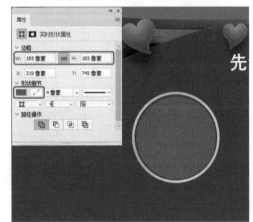

图 10-40

15 选中绘制的圆形，在工具箱中单击【添加锚点工具】，在工作区中为选中的矩形添加锚点，并对添加的锚点进行调整，效果如图 10-41 所示。

16 在【图层】面板中双击【椭圆 2】图层，在弹出的对话框中选择【描边】选项，将【填充类型】设置为【渐变】，单击渐变条，在弹出的【渐变编辑器】对话框中将左侧色标的颜色值设置为 #f9ddc2，将其【位置】设置为 11%；在 36% 位置处添加一个色标，将其颜色值设置为 #f1ab86；在 71% 位置处添加一个色标，将其颜色值设置为#fdd7b5；将右侧色标的颜色值设置为# f1ab86，将其【位置】设置为93%，如图 10-42 所示。

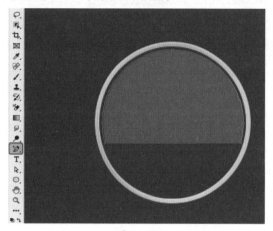

图 10-41

图 10-42

17 设置完成后，单击【确定】按钮，将【大小】设置为4像素，将【位置】设置为【内部】，将【混合模式】设置为【正常】，将【不透明度】设置为100%，如图 10-43 所示。

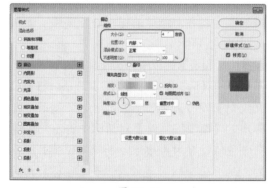

图 10-43

18 设置完成后，在【图层样式】对话框中选择【渐变叠加】选项，将【混合模式】设置为【正常】，将【不透明度】设置为100%，单击渐变条，在弹出的【渐变编辑器】对话框中将左侧色标的颜色值设置为#c3101a；在24% 位置处添加一个色标，将其颜色值设置为#dc3245；在49% 位置处添加一个色标，将其颜色值设置为#c31019；在82% 位置处添加一个色标，将其颜色值设置为#dd3347；将右侧色标的颜色值设置为#c31019，设置完成后，单击【确定】按钮，将【样式】设置为【线性】，将【角度】、【缩放】分别设置为140 度、74%，如图 10-44 所示。

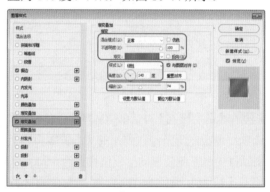

图 10-44

19 设置完成后，单击【确定】按钮，在工具箱中单击【钢笔工具】，在工具选项栏中将【填充】设置为黑色，将【描边】设置为无，在工作区中绘制如图 10-45 所示的图形，在【属性】面板中将【羽化】设置为3像素。在【图层】面板中选择【形状 3】图层，按住鼠标左键将其调整至【椭圆 2】的下方，并将【形状3】图层的【不透明度】设置为20%。

20 在【图层】面板中选择【椭圆 2】图层，在工具箱中单击【横排文字工具】，在工作区中输入文本。选中输入的文本，在【字符】面板中将【字体】设置为【Adobe 黑体 Std】，将【字体大小】设置为 88 点，将【字符间距】设置为 -50，将【颜色】设置为#f8e3c2，单击【仿粗体】按钮，并在工作区中调整其位置，如图 10-46 所示。

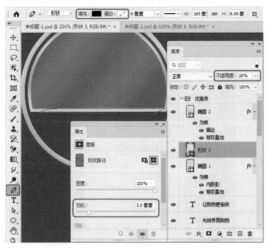

图 10-45

图 10-46

21 在【图层】面板中双击【20】文字图层，在弹出的【图层样式】对话框中选择【内阴影】选项，将【混合模式】设置为【滤色】，将【阴影颜色】设置为#f3e4d3，将【不透明度】设置为100%，取消勾选【使用全局光】复选框，将【角度】设置为90度，将【距离】、【阻塞】、【大小】分别设置为1像素、0%、0像素，如图10-47所示。

22 在【图层样式】对话框中选择【渐变叠加】选项，将【混合模式】设置为【正常】，将【不透明度】设置为100%，单击渐变条，在弹出的【渐变编辑器】对话框中将左侧色标的颜色值设置为#fadabd，将其【位置】设置为38%；在56%位置处添加一个色标，将其颜色值设置为#ffbf87；将右侧色标的颜色值

设置为#fadabd，将其【位置】设置为71%。设置完成后，单击【确定】按钮，将【样式】设置为【线性】，将【角度】、【缩放】分别设置为-29度、145%，如图10-48所示。

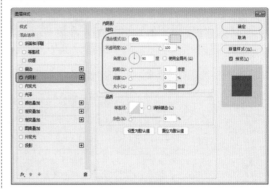

图 10-47

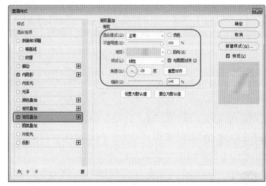

图 10-48

23 在【图层样式】对话框中选择【投影】选项，将【混合模式】设置为【正常】，将【阴影颜色】设置为#dc5b38，将【不透明度】设置为100%，取消勾选【使用全局光】复选框，将【角度】设置为-170度，将【距离】、【扩展】、【大小】分别设置为4像素、0%、0像素，如图10-49所示。

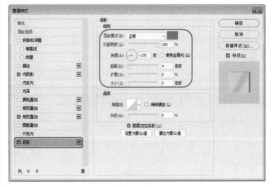

图 10-49

24 单击【投影】右侧的 + 按钮，选中添加的【投影】，将【混合模式】设置为【正片叠底】，将【阴影颜色】设置为#c31019，将【不透明度】设置为83%，取消勾选【使用全局光】复选框，将【角度】设置为180度，将【距离】、【扩展】、【大小】分别设置为9像素、0%、9像素，如图10-50所示。

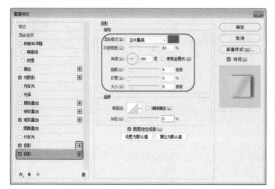

图 10-50

25 设置完成后，单击【确定】按钮，根据前面所介绍的方法在工作区中绘制其他图形，并输入文字，效果如图10-51所示。

26 在【图层】面板中移动【椭圆1】图层至顶层图层，单击【链接图层】按钮，对链接的图层进行复制，并修改复制的文字内容，效果如图10-52所示。

图 10-51

图 10-52

知识链接：链接图层

在编辑图像时，如果要经常同时移动或者变换几个图层，则可以将它们链接。链接图层的优点在于，只需选择其中一个图层进行移动或变换，其他所有与之链接的图层都会发生相同的变换。

如果要链接多个图层，可以将它们选中，然后在【图层】面板中单击【链接图层】按钮 ∞，被链接的图层右侧会出现一个 ∞ 符号，如图10-53所示。

如果要临时禁用链接，可以按住Shift键单击链接图标，图标上会出现一个红色的【×】；按住Shift键再次单击【链接图层】按钮 ∞，可以重新启用链接功能，如图10-54所示。

如果要取消链接，则可以选择一个链接的图层，然后单击【图层】面板中的【链接图层】按钮 ∞。

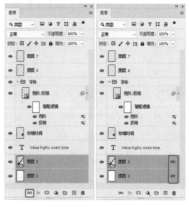

图 10-53

图 10-54

10.1.3 产品展示设计

在淘宝店铺中，产品展示是必不可少的一部分，不少商家会将热门物品进行展示，以增进顾客的购买欲,本节将介绍产品展示的设计。

01 在【图层】面板中选择【优惠券】图层组，单击【创建新组】按钮，并将其命名为【产品展示】，将【护肤品素材 06.png】素材文件置入文档中，并调整其位置；将【护肤品素材 06】图层调整至【产品展示】图层组中，效果如图 10-55 所示。

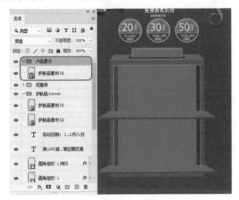

图 10-55

02 在工具箱中单击【横排文字工具】 **T.**，在工作区中输入文本。选中输入的文本，在【字符】面板中将【字体】设置为【汉仪超粗宋简】，将【字体大小】设置为 41 点，将【字符间距】设置为 60，将【颜色】设置为 #fff7a0，并在工作区中调整其位置，如图 10-56 所示。

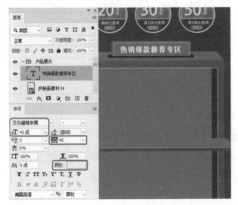

图 10-56

03 再次使用【横排文字工具】 **T.** 在工作区

中输入文本。选中输入的文本，在【字符】面板中将【字体】设置为【方正准圆简体】，将【字体大小】设置为 41 点，将【字符间距】设置为 -40，将【颜色】设置为 #fef3c3，并在工作区中调整其位置，如图 10-57 所示。

图 10-57

04 使用同样的方法在工作区中输入其他文本，并进行相应的调整，效果如图 10-58 所示。

图 10-58

05 在工具箱中单击【直线工具】 **/.**，在工具选项栏中将【填充】设置为 #fef3c3，将【描边】设置为无，将【粗细】设置为 1 像素，在工作区中绘制两条水平直线，效果如图 10-59 所示。

图 10-59

06 在工具箱中单击【矩形工具】 □ ，在工作区中绘制一个矩形，在【属性】面板中将【W】、【H】均设置为21像素，将【填充】设置为无，将【描边】设置为#fef3c3，将【描边宽度】设置为1像素，并调整其位置，效果如图10-60所示。

图 10-60

07 在工具箱中单击【钢笔工具】 ⌀ ，在工具选项栏中将【填充】设置为#fef3c3，将【描边】设置为无，在工作区中绘制如图10-61所示的图形。

图 10-61

08 在工作区中复制新绘制的图形与矩形对象，并调整其位置，效果如图10-62所示。

09 在工具箱中单击【圆角矩形工具】 □ ，在工作区中绘制圆角矩形，在【属性】面板中将【W】、【H】分别设置为320像素、61像素，将【填充】设置为#e30103，将【描边】设置为无，将所有的【角半径】均设置为10像素，效果如图10-63所示。

图 10-62

图 10-63

10 在工具箱中单击【钢笔工具】 ⌀ ，在工具选项栏中将【填充】设置为白色，将【描边】设置为无，在工作区中绘制如图10-64所示的图形。

图 10-64

11 在【图层】面板中双击【形状9】图层，在弹出的对话框中选择【渐变叠加】选项，单击【渐变】右侧的渐变条，在弹出的【渐变编辑器】对话框中将左侧色标的颜色值设置为#ffd280；在48%位置处添加一个色标，将其颜色值设置为#fff9ba；将右侧色标的颜色值设置为#fcda81，单击【确定】按钮。将【混合模式】设置为【正常】，将【不透明度】设置为100%，将【样式】设置为【线性】，将【角度】设置为-58度，将【缩放】设置为100%，如图10-65所示。

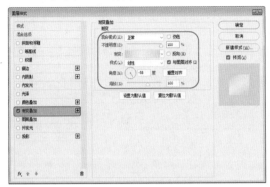

图 10-65

12 设置完成后，单击【确定】按钮，根据前面所介绍的方法在工作区中输入其他文本，并绘制相应的图形，效果如图10-66所示。

图 10-66

13 在工具箱中单击【钢笔工具】 ∅.，在工具选项栏中将【填充】设置为#9b012e，将【描边】设置为无，在工作区中绘制如图10-67所示的图形。

图 10-67

14 在工具箱中单击【椭圆工具】 ○.，在工作区中绘制一个圆形，在【属性】面板中将【W】、【H】分别设置为303像素、28像素，将【填充】设置为#f3698e，将【描边】设置为无，在工作区中调整其位置，效果如图10-68所示。

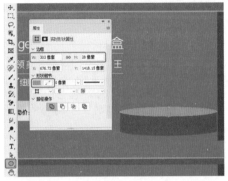

图 10-68

15 将【护肤品素材07.png】素材文件置入文档中，并调整其位置，效果如图10-69所示。

图 10-69

16 对前面所制作的内容进行复制，并修改复制的文字内容，将【护肤品素材08.png】、【护肤品素材09.png】素材文件置入文档中，效果如图10-70所示。

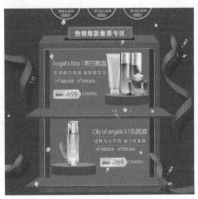

图 10-70

10.2 电脑淘宝店铺设计

为了更好地完成本设计案例，现对制作要求及设计内容做如下规划，效果如图 10-71 所示。

作品名称	电脑淘宝店铺设计
作品尺寸	1920px×4924px
设计创意	（1）利用科技质感背景制作 banner 背景，通过设置图层的【混合模式】与【不透明度】将素材文件与背景完美融合，增加画面的科技质感。 （2）使用【钢笔工具】、【圆角矩形工具】绘制图形，为其填充渐变颜色，并对绘制的图形进行路径操作，使其产生立体效果，画面层次更丰富。 （3）通过对文字内容的排版设计制作产品展示效果，并置入相应的素材文件。
主要元素	（1）科技质感背景。 （2）烟雾素材。 （3）电脑。
应用软件	Photoshop 2020
素材	素材 \Cha10\ 电脑素材 01.jpg、电脑素材 02.png~ 电脑素材 16.png
场景	场景 \Cha10\10.2　电脑淘宝店铺设计 .psd
视频	视频教学 \Cha10\10.2.1　电脑 banner 设计 .mp4 视频教学 \Cha10\10.2.2　炫彩优惠券设计 .mp4 视频教学 \Cha10\10.2.3　电脑展示设计 .mp4
电脑淘宝店铺设计效果欣赏	图 10-71

10.2.1 电脑 banner 设计

在制作电脑 banner 时，在素材图片以及文字设计方面都要有精确的考量，完美地将它们结合才能使店铺呈现细腻精美的视觉效果。下面将介绍如何设计电脑 banner。

`01` 启动软件，按 Ctrl+N 组合键，在弹出的对话框中将【宽度】、【高度】分别设置为1920 像素、4924 像素，将【分辨率】设置为72 像素 / 英寸，将【背景内容】设置为【自定义】，将【颜色】设置为 #250047，单击【创建】按钮。在菜单栏中选择【文件】|【置入嵌入对象】命令，在弹出的对话框中选择【素材 \Cha10\ 电脑素材 01.jpg】素材文件，单击【置入】按钮，在工作区中调整其大小与位置，并按 Enter 键完成置入，如图 10-72所示。

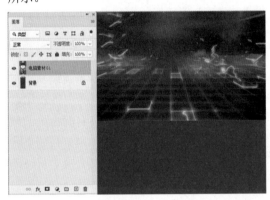

图 10-72

`02` 新建一个图层组，将其命名为【电脑banner】，将【电脑素材 01】图层调整至图层组中，将【电脑素材 02.png】素材文件置入文档中，在【图层】面板中选择【电脑素材02】图层，单击【添加图层蒙版】按钮 ▣。在工具箱中单击【渐变工具】，将前景色设置为黑色，将背景色设置为白色，在工具选项栏中选择【前景色到透明渐变】，在工作区中拖动鼠标，填充渐变，效果如图 10-73所示。

`03` 将【电脑素材 03.png】素材文件置入文档中，在【图层】面板中选择【电脑素材

`03`】图层，单击【添加图层蒙版】按钮 ▣。在工具箱中单击【渐变工具】，将前景色设置为黑色，将背景色设置为白色，在工具选项栏中选择【前景色到透明渐变】，在工作区中拖动鼠标，填充渐变，效果如图 10-74所示。

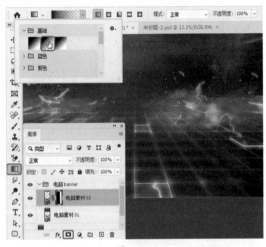

图 10-73

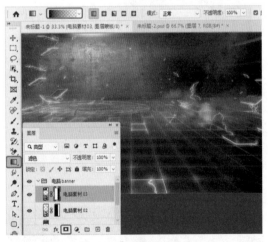

图 10-74

`04` 将【电脑素材 04.png】、【电脑素材05.png】素材文件置入文档中，并调整其大小与位置，在【图层】面板中选择【电脑素材 04】图层，将【混合模式】设置为【线性减淡（添加）】，将【不透明度】设置为50%，如图 10-75 所示。

`05` 在【图层】面板中选择【电脑素材05】图层，在工具箱中单击【横排文字工具】 T.，在工

作区中输入文本。选中输入的文本，在【字符】面板中将【字体】设置为【汉仪尚巍手书W】，将【字体大小】设置为199点，将【颜色】设置为白色，并调整其位置，效果如图10-76所示。

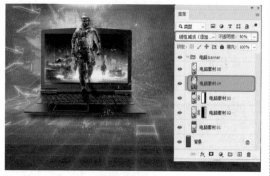

图 10-75

图 10-76

06 使用同样的方法在工作区中输入其他文本内容，效果如图10-77所示。

图 10-77

07 在工具箱中单击【圆角矩形工具】□，在工作区中绘制一个圆角矩形，在【属性】面板中将【W】、【H】分别设置为571像素、67像素，为其填充任意一种颜色，将【描边】设置为无，将所有【角半径】均设置为33.5像素，如图10-78所示。

图 10-78

08 在【图层】面板中双击【圆角矩形1】图层，在弹出的【图层样式】对话框中选择【渐变叠加】选项，将【混合模式】设置为【正常】，将【不透明度】设置为100%，单击渐变条，在弹出的【渐变编辑器】对话框中将左侧色标的颜色值设置为#fe119d，将右侧色标的颜色值设置为#1875d4，单击【确定】按钮。将【样式】设置为【线性】，将【角度】、【缩放】分别设置为0度、100%，如图10-79所示。

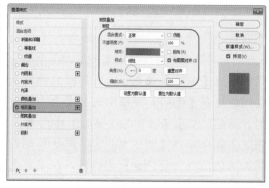

图 10-79

09 设置完成后，单击【确定】按钮，在工具箱中单击【横排文字工具】 T，在工作区中输入文本。选中输入的文本，在【字符】面板中将【字体】设置为【Adobe 黑体 Std】，将【字体大小】设置为 43 点，将【字符间距】设置为 50，将【颜色】设置为白色，并调整其位置，效果如图 10-80 所示。

图 10-80

10 在【图层】面板中选择【电脑 banner】图层组，单击【添加图层蒙版】按钮 ▣。在工具箱中单击【渐变工具】，将前景色设置为黑色，将背景色设置为白色。在工具选项栏中选择【前景色到透明渐变】，在工作区中拖动鼠标，填充渐变，效果如图 10-81 所示。

图 10-81

■ 10.2.2 炫彩优惠券设计

本节将介绍炫彩优惠券设计，主要利用【圆角矩形工具】绘制优惠券底纹，并输入相应的文字内容。

01 将【电脑素材 06.png】素材文件置入文档中，在【图层】面板中选择【电脑素材 06】图层，按住鼠标左键将其拖曳至【创建新组】按钮上，将组名称命名为【优惠券】，如图 10-82 所示。

图 10-82

02 在工具箱中单击【圆角矩形工具】 ▢，在工作区中绘制一个圆角矩形，在【属性】面板中将【W】、【H】分别设置为 380 像素、47 像素，单击【填充】右侧的色块，在弹出的下拉面板中单击【渐变】按钮 ▣，将左侧色标的颜色值设置为 #552bc8，将右侧色标的颜色值设置为 #9a39ed，将【样式】设置为【线性】，将【角度】、【缩放】分别设置为 90 度、78%，将【描边】设置为无，将所有的【角半径】均设置为 23.5 像素，并调整其位置，效果如图 10-83 所示。

图 10-83

03 在工具箱中单击【钢笔工具】，在工作区中绘制如图 10-84 所示的图形，在工具选项栏中单击【填充】右侧的色块，在弹出的下拉面板中单击【渐变】按钮 ▣，将左侧色标的颜色值设置为 #5620da，将右侧色标的颜色

值设置为 # 2a0053，将【样式】设置为【线性】，将【角度】、【缩放】分别设置为90度、78%，将【描边】设置为无，并调整其位置。

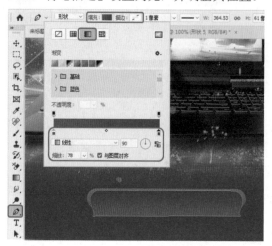

图 10-84

04 在【图层】面板中选择【形状 1】图层，在工具箱中单击【椭圆工具】 ，在工具选项栏中单击【路径操作】按钮 ，在弹出的下拉列表中选择【减去顶层形状】命令，在工作区中绘制两个圆形，如图 10-85 所示。

图 10-85

05 在工具箱中单击【横排文字工具】 ，在工作区中输入文本。选中输入的文本，在【字符】面板中将【字体】设置为【Adobe 黑体 Std】，将【字体大小】设置为35 点，将【字符间距】设置为0，将【颜色】设置为白色，如图 10-86 所示。

06 在工具箱中单击【圆角矩形工具】，在工作区中绘制一个圆角矩形，在【属性】面板

中将【W】、【H】分别设置为 8 像素、45 像素，单击【填充】右侧的色块，在弹出的下拉面板中单击【渐变】按钮 ，将左侧色标的颜色值设置为 #6856ff；在 50% 位置处添加一个色标，将其颜色值设置为 #ada1ff；将右侧色标的颜色值设置为 #6856ff。将【样式】设置为【线性】，将【角度】、【缩放】分别设置为90度、78%，将【描边】设置为无，将所有的【角半径】均设置为 4 像素，复制该图层并适当调整其位置，效果如图 10-87 所示。

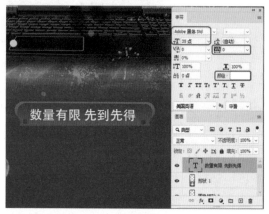

图 10-86

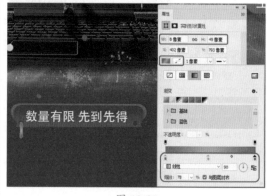

图 10-87

07 在工具箱中单击【圆角矩形工具】，在工作区中绘制一个圆角矩形，在【属性】面板中将【W】、【H】分别设置为 386 像素、184 像素，单击【填充】右侧的色块，在弹出的下拉面板中单击【渐变】按钮 ，将左侧色标的颜色值设置为 #00a8ff，将右侧色标的颜色值设置为 # 9600ff，将【样式】设置为【线性】，将【角度】、【缩放】分别设置为 -17 度、56%，将【描

边】设置为无，将所有的【角半径】均设置为 8 像素，并调整其位置，效果如图 10-88 所示。

图 10-88

08 选中新绘制的圆角矩形，在工具箱中单击【椭圆工具】○，在工具选项栏中单击【路径操作】按钮 ◻，在弹出的下拉列表中选择【减去顶层形状】命令，在工作区中绘制多个圆形，如图 10-89 所示。

图 10-89

09 在【图层】面板中双击【圆角矩形 4】图层，在弹出的对话框中选择【斜面和浮雕】选项，将【样式】设置为【内斜面】，将【方法】设置为【平滑】，将【深度】设置为 84%，选中【上】单选按钮，取消勾选【使用全局光】复选框，将【大小】、【软化】、【角度】、【高度】分别设置为 3 像素、0 像素、90 度、30 度，将【光泽等高线】设置为【线性】，将【高光模式】设置为【滤色】，将【高亮颜色】设置为#ffffff，将【高光模式】下的【不透明度】设置为 50%，将【阴影模式】设置为【正片

叠底】，将【阴影颜色】设置为#000000，将【阴影模式】下的【不透明度】设置为 50%，如图 10-90 所示。

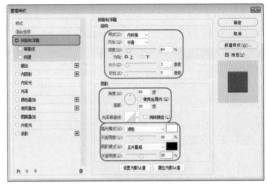

图 10-90

10 设置完成后，单击【确定】按钮，在【图层】面板中选择【圆角矩形 3】、【圆角矩形 3 拷贝】图层，按住鼠标左键将其拖曳至【圆角矩形 4】图层的上方，效果如图 10-91 所示。

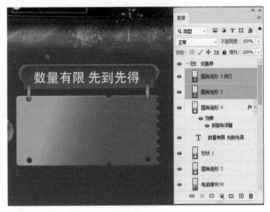

图 10-91

11 在工具箱中单击【横排文字工具】T.，在工作区中输入文本。选中输入的文本，在【字符】面板中将【字体】设置为【Adobe 黑体 Std】，将【字体大小】设置为 147 点，将【字符间距】设置为 -50，将【颜色】设置为白色，如图 10-92 所示。

12 根据前面所介绍的方法在工作区中输入其他文本内容，如图 10-93 所示。

13 在工具箱中单击【直线工具】／，在工具选项栏中将【填充】设置为无，将【描边】设置为白色，将【描边宽度】设置为 1 像素，单击【描边类型】按钮，在弹出的下拉列表中单击【更多选项】按钮，在弹出的【描边】对话框中勾选【虚线】复选框，将【虚线】、【间隙】均设置为4，在工作区中绘制一条垂直线，在【图层】面板中将【形状 2】图层的【混合模式】设置为【柔光】，效果如图 10-94 所示。

图 10-92

图 10-93

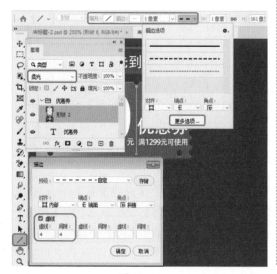

图 10-94

14 在工具箱中单击【圆角矩形工具】 ，在工作区中绘制一个圆角矩形，在【属性】面板中将【W】、【H】分别设置为 350 像素、55 像素，为其填充任意一种颜色，将【描边】设置为无，将所有的【角半径】均设置为 10 像素，并调整其位置，效果如图 10-95 所示。

图 10-95

15 在【图层】面板中双击【圆角矩形 5】图层，在弹出的【图层样式】对话框中选择【渐变叠加】选项，将【混合模式】设置为【正常】，将【不透明度】设置为100%，单击渐变条，在弹出的【渐变编辑器】对话框中将左侧色标的颜色值设置为#db7900；在 50% 位置处添加一个色标，将其颜色值设置为#ffb80f；将右侧色标的颜色值设置为#db7900，单击【确定】按钮。将【样式】设置为【线性】，将【角度】、【缩放】分别设置为 -179 度、125%，如图 10-96 所示。

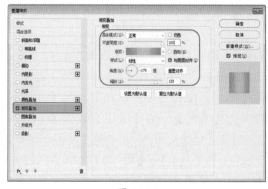

图 10-96

16 在【图层样式】对话框中选择【投影】选项，将【混合模式】设置为【正片叠底】，将【阴影颜色】设置为#4d0000，将【不透明度】设置为35%，取消勾选【使用全局光】复选框，将【角度】、【距离】、【扩展】、【大小】分别设置为 90 度、7 像素、0%、7 像素，如图 10-97 所示。

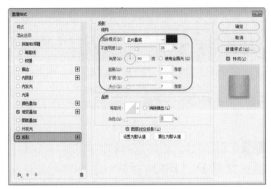

图 10-97

17 设置完成后，单击【确定】按钮，在工具箱中单击【椭圆工具】，在工具选项栏中将【填充】设置为 #fefb00，将【描边】设置为无。在工作区中绘制一个圆形，在工具选项栏中将【W】、【H】分别设置为 351 像素、52 像素，在【属性】面板中单击【蒙版】按钮，将【羽化】设置为 16 像素，并调整其位置，效果如图 10-98 所示。

图 10-98

18 在【图层】面板中选择【椭圆 1】图层，右击鼠标，在弹出的快捷菜单中选择【栅格化图层】命令，如图 10-99 所示。

19 继续选中【椭圆 1】图层，按住 Ctrl 键单击【圆角矩形 5】图层的缩览图，按 Ctrl+Shift+I 组合键进行反选，按 Delete 键将多余内容删除，效果如图 10-100 所示。

图 10-99

图 10-100

20 按 Ctrl+D 组合键取消选区，在工具箱中单击【钢笔工具】，在工作区中绘制如图 10-101 所示的图形，在工具选项栏中将【填充】设置为 #fefb00，将【描边】设置为无；在【图层】面板中选择【形状 3】图层，将【不透明度】设置为 60%；在【属性】面板中将【羽化】设置为 2 像素。

图 10-101

21 根据前面所介绍的方法在工作区中输入文本内容，并使用同样的方法制作其他优惠券效果，如图 10-102 所示。

图 10-102

22 根据前面所介绍的方法制作其他图形及文本内容，并将【电脑素材 07.png】素材文件置入文档中，效果如图 10-103 所示。

图 10-103

■ 10.2.3 电脑展示设计

本节将介绍电脑展示设计，主要为添加的素材添加【外发光】图层样式，然后利用【圆角矩形工具】绘制圆角矩形，制作产品展示框，最后再利用【横排文字工具】输入文本。

01 在【图层】面板中选择【优惠券】图层组，将【电脑素材 08.png】、【电脑素材 09.png】、【电脑素材 10.png】素材文件置入文档中，并调整其角度与位置。在【图层】面板中选择【电脑素材 08】图层，将【混合模式】设置为【变亮】，如图 10-104 所示。

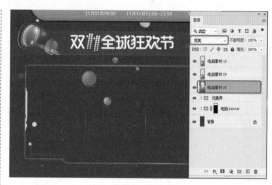

图 10-104

02 在【图层】面板中选择【电脑素材 08】、【电脑素材 09】、【电脑素材 10】图层，按住鼠标左键将其拖曳至【创建新组】按钮上，并将组重新命名为【电脑展示】。在【图层】面板中双击【电脑素材 10】图层，在弹出的对话框中选择【外发光】选项，将【混合模式】设置为【滤色】，将【不透明度】设置为100%，将【杂色】设置为 0%，将【发光颜色】设置为 #d708bd，将【方法】设置为【柔和】，将【扩展】、【大小】分别设置为 0%、15 像素，将【范围】、【抖动】设置为50%、0%，如图 10-105 所示。

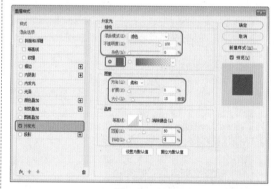

图 10-105

03 设置完成后，单击【确定】按钮。在【图层】面板中选择【电脑素材 10】图层，按 Ctrl+J 组合键对其进行拷贝。在工具箱中单击【圆角矩形工具】，在工作区中绘制一个圆角矩形，在【属性】面板中将【W】、【H】分别设置为 1103 像素、521 像素，将【填充】设置为 #f5e3ff，将【描边】设置为无，将所有的【角半径】均设置为 30 像素，并在工作区中调整其位置，效果如图 10-106 所示。

图 10-106

04 在【图层】面板中选择【圆角矩形 10】图层，按 Ctrl+J 组合键拷贝图层，在【属性】面板中将【填充】设置为无，将【描边】设置为 #b300c1，将【描边宽度】设置为 6 像素，将【描边类型】设置为直线，效果如图 10-107 所示。

图 10-107

05 在【图层】面板中双击【圆角矩形 10 拷贝】图层，在弹出的对话框中选择【外发光】选项，将【混合模式】设置为【滤色】，将【不透明度】设置为 75%，将【杂色】设置为 0%，将【发光颜色】设置为 #9e00b8，将【方法】设置为【柔和】，将【扩展】、【大小】分别设置为 5%、7 像素，如图 10-108 所示。

06 设置完成后，单击【确定】按钮，将【电脑素材 11.png】素材文件置入文档中。在工具箱中单击【横排文字工具】 T，在工作区中输入文本。选中输入的文本，在【字符】面板中将【字体】设置为【方正兰亭粗黑简体】，将【字体大小】设置为 49 点，将【字符间距】

设置为 -50，将【颜色】设置为黑色，并调整其位置，效果如图 10-109 所示。

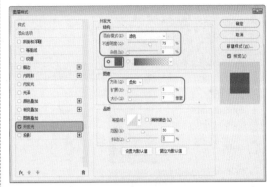

图 10-108

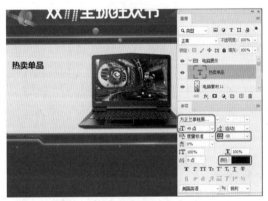

图 10-109

07 再次使用【横排文字工具】 T 在工作区中输入文本。选中输入的文本，在【字符】面板中将【字体】设置为【Adobe 黑体 Std】，将【字体大小】设置为 50 点，将【字符间距】设置为 -50，将【颜色】设置为 #ff0031，并调整其位置，效果如图 10-110 所示。

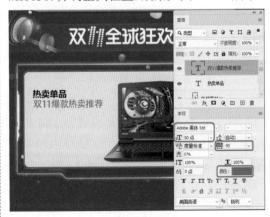

图 10-110

08 使用同样的方法输入其他文本，并对输入的文本进行调整，效果如图 10-111 所示。

图 10-111

09 在工具箱中单击【直线工具】，在工具选项栏中将【填充】设置为 #413d44，将【描边】设置为无，将【粗细】设置为 1 像素，在工作区中按住 Shift 键绘制一条水平直线，效果如图 10-112 所示。

图 10-112

10 在工具箱中单击【矩形工具】 □，在工作区中绘制一个矩形，在【属性】面板中将【W】、【H】分别设置为 20 像素、21 像素，将【填充】设置为无，将【描边】设置为 #ff0031，将【描边宽度】设置为 1 像素，如图 10-113 所示。

11 在工具箱中单击【钢笔工具】 ⌀，在工具选项栏中将【填充】设置为 #ff0031，将【描边】设置为无，在工作区中绘制如图 10-114 所示的图形。

图 10-113

图 10-114

12 在工作区中对绘制的矩形与图形进行复制，在工具箱中单击【圆角矩形工具】 □，在工作区中绘制一个圆角矩形，在【属性】面板中将【W】、【H】分别设置为 100 像素、33 像素，将【填充】设置为 #ff0036，将【描边】设置为无，将所有的【角半径】均设置为 10 像素，并调整其位置，效果如图 10-115 所示。

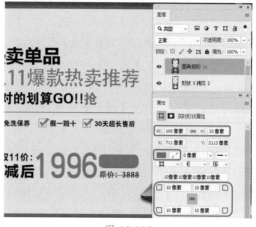

图 10-115

13 根据前面所介绍的方法输入文本，对制作的内容进行复制并修改，效果如图 10-116 所示。

图 10-116

14 将【电脑素材 13.png】素材文件置入文档中，在工具箱中单击【横排文字工具】 **T.**，在工作区中输入文本。选中输入的文本，在【字符】面板中将【字体】设置为【方正粗圆简体】，将【字体大小】设置为 72 点，将【字符间距】设置为 0，将【颜色】设置为白色，并调整其位置，效果如图 10-117 所示。

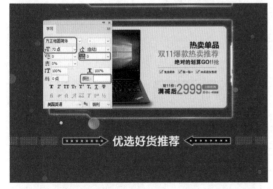

图 10-117

15 在【图层】面板中双击【优选好货推荐】文字图层，在弹出的对话框中选择【描边】选项，将【大小】设置为 2 像素，将【位置】设置为【居中】，将【混合模式】设置为【正常】，将【颜色】设置为 #d2aad6，如图 10-118 所示。

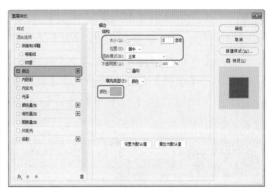

图 10-118

16 在【图层样式】对话框中选择【投影】选项，将【混合模式】设置为【正片叠底】，将【阴影颜色】设置为 #000037，将【不透明度】设置为 55%，取消勾选【使用全局光】复选框，将【角度】设置为 90 度，将【距离】、【扩展】、【大小】分别设置为 8 像素、15%、9 像素，如图 10-119 所示。

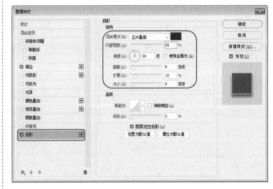

图 10-119

17 设置完成，单击【确定】按钮，根据前面所介绍的方法置入其他素材文件，并进行相应的调整，效果如图 10-120 所示。

图 10-120

18 在工具箱中单击【圆角矩形工具】 □ ，在工作区中绘制一个圆角矩形，在【属性】面板中将【W】、【H】分别设置为504像素、86像素，将【填充】设置为黑色，将【描边】设置为无，将所有的【角半径】均设置为10像素，并调整其位置，效果如图10-121所示。

图 10-121

19 在【图层】面板中双击新绘制的圆角矩形图层，在弹出的对话框中选择【渐变叠加】选项，单击【渐变】右侧的渐变条，在弹出的对话框中将左侧色标的颜色值设置为#8b00cc，将右侧色标调整至94%位置处，并将其颜色值设置为#7a00ff，如图10-122所示。

图 10-122

20 设置完成后，单击【确定】按钮，在【图层样式】对话框中将【混合模式】设置为【正常】，将【样式】设置为【线性】，将【角度】设置为90度，将【缩放】设置为100%，如

图 10-123 所示。

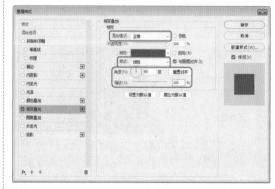

图 10-123

21 设置完成后，单击【确定】按钮，根据前面所介绍的方法绘制其他图形并输入文本，效果如图10-124所示。

图 10-124

22 对绘制的图形与输入的文本进行复制，并修改复制后的文本内容，效果如图10-125所示。

图 10-125

LESSON
课后项目练习

服装淘宝店铺设计

某服装品牌要设计一款淘宝店铺，要求画面精美，富有吸引力，因此选用色彩丰富的素材图片，结合文字的排版制作出美观的效果。

1. 课后项目练习效果展示

效果如图 10-126 所示。

图 10-126

2. 课后项目练习过程概要

（1）置入素材文件，抠取人物图像，输入相应的文字内容。

（2）利用【钢笔工具】、【矩形工具】绘制图形，制作优惠券与服装展示。

素材	素材 \Cha10\ 服装素材 01.jpg、服装素材 02.png、服装素材 03.jpg、服装素材 04.png、服装素材 05.png、服装素材 06.png、服装素材 07.png、服装素材 08.png
场景	场景 \Cha10\ 服装淘宝店铺设计 .psd
视频	视频教学 \Cha10\ 服装淘宝店铺设计 .mp4

01 启动软件，按 Ctrl+N 组合键，在弹出的对话框中将【宽度】、【高度】分别设置为 1920 像素、3499 像素，将【分辨率】设置为 72 像素 / 英寸，将【背景内容】设置为【自定义】，将【颜色】设置为 #bcedf4，单击【创建】按钮。在菜单栏中选择【文件】|【置入嵌入对象】命令，在弹出的对话框中选择【素材 \Cha10\ 服装素材 01.jpg】素材文件，单击【置入】按钮，在工作区中调整其大小与位置，并按 Enter 键完成置入，如图 10-127 所示。

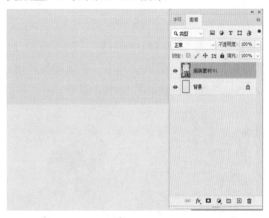

图 10-127

02 在工具箱中单击【矩形工具】□，在工作区中绘制一个矩形，在【属性】面板中将【W】、【H】分别设置为 1728 像素、803 像素，将【填充】设置为 #fec722，将【描边】设置为无，并调整其位置，效果如图 10-128 所示。

03 在工具箱中单击【钢笔工具】∂，在工作区中绘制如图 10-129 所示的图形，在工具选项栏中将【填充】设置为 #e49202，将【描边】设置为无。

图 10-128

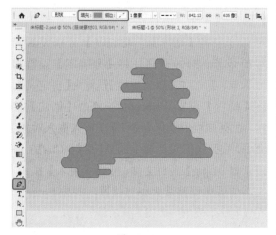

图 10-129

04 将【服装素材 02.png】、【服装素材 03.jpg】素材文件置入文档中，并调整其角度、大小与位置，效果如图 10-130 所示。

图 10-130

05 在【图层】面板中选择【服装素材 03.png】素材文件，在工具箱中单击【对象选择工具】，在工具选项栏中单击【选择主体】按钮，选择人物主体，如图 10-131 所示。

图 10-131

06 在【图层】面板中单击【添加图层蒙版】按钮，为【服装素材 03】添加图层蒙版，如图 10-132 所示。

图 10-132

07 在【图层】面板中选择【矩形 1】、【形状 1】、【服装素材 02】、【服装素材 03】图层，右击鼠标，在弹出的快捷菜单中选择【创建剪贴蒙版】命令，如图 10-133 所示。

图 10-133

08 将【服装素材04.png】素材文件置入文档中，并调整其位置，效果如图10-134所示。

图 10-134

> 提示：剪贴蒙版是一种非常灵活的蒙版，它可以使用下面图层中图像的形状限制上层图像的显示范围，因此，可以通过一个图层来控制多个图层的显示区域。而矢量蒙版和图层蒙版都只能控制一个图层的显示区域。

09 在工具箱中单击【横排文字工具】 **T.** ，在工作区中输入文本。选中输入的文本，在【字符】面板中将【字体】设置为【方正粗倩简体】，将【字体大小】设置为52点，将【字符间距】设置为100，将【颜色】设置为白色，并调整其位置，效果如图10-135所示。

图 10-135

10 使用【横排文字工具】在工作区中输入文

本。选中输入的文本，在【字符】面板中将【字体】设置为【创艺简黑体】，将【字体大小】设置为22点，将【字符间距】设置为25，将【颜色】设置为白色，单击【仿粗体】按钮 **T** 与【全部大写字母】按钮 **TT** 并调整其位置，效果如图10-136所示。

图 10-136

11 在工具箱中单击【直线工具】 **/.** ，在工具选项栏中将【填充】设置为白色，将【描边】设置为无，将【粗细】设置为4像素，在工作区中绘制一条水平直线，如图10-137所示。

图 10-137

12 对绘制的直线进行复制，并调整其位置；根据前面所介绍的方法输入其他文字内容，如图10-138所示。

13 在工具箱中单击【矩形工具】 **□.** ，在工作区中绘制一个矩形，在【属性】面板中将【W】、【H】分别设置为366像素、60像素，将【填充】设置为无，将【描边】设置为白色，将【描边宽度】设置为3像素，并在工作区中调整其位置，效果如图10-139所示。

图 10-138

图 10-139

14 在【图层】面板中选择除【背景】图层外的其他图层，按住鼠标左键将其拖曳至【创建新组】按钮 上，并将其重新命名为【服装banner】，如图10-140所示。

图 10-140

15 在工具箱中单击【钢笔工具】 ，在工具选项栏中将【填充】设置为#0cb5d4，将【描边】设置为无，在工作区中绘制如图10-141所示的图形。

图 10-141

16 将【服装素材05.png】素材文件置入文档中，在工具箱中单击【横排文字工具】 ，在工作区中输入文本。选中输入的文本，在【字符】面板中将【字体】设置为【汉仪书魂体简】，将【字体大小】设置为70点，将【字符间距】设置为0，将【颜色】设置为白色，如图10-142所示。

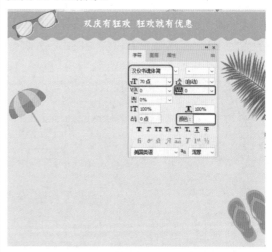

图 10-142

17 在【图层】面板中双击新输入的文字图层，在弹出的对话框中选择【投影】选项，将【混合模式】设置为【正片叠底】，将【阴影颜色】设置为 #00a1bf,将【不透明度】设置为 75%,取消勾选【使用全局光】复选框,将【角度】设置为 120 度,将【距离】、【扩展】、【大小】分别设置为 2 像素、0%、2 像素,如图 10-143 所示。

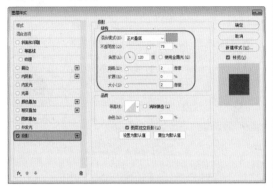

图 10-143

18 设置完成后,单击【确定】按钮。在工具箱中单击【横排文字工具】 **T.**,在工作区中输入文本。选中输入的文本,在【字符】面板中将【字体】设置为【微软雅黑】,将【字体大小】设置为 36 点,将【字符间距】设置为 0,将【颜色】设置为白色,如图 10-144 所示。

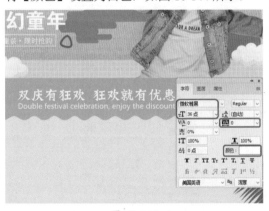

图 10-144

19 在工具箱中单击【矩形工具】 **□**,在工作区中绘制一个矩形,在【属性】面板中将【W】、【H】分别设置为 344 像素、160 像素,将【填充】设置为无,将【描边】设置为白色,将【描边宽度】设置为 8 像素,如图 10-145 所示。

20 在【图层】面板中双击【矩形 3】图层,在弹出的对话框中选择【投影】选项,将【混合模式】设置为【正片叠底】,将【阴影颜色】设置为 #0cb5d4,将【不透明度】设置为 75%,取消勾选【使用全局光】复选框,将【角度】设置为 145 度,将【距离】、【扩展】、【大小】分别设置为 15 像素、0%、2 像素,如图 10-146 所示。

图 10-145

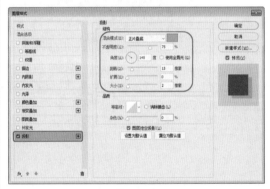

图 10-146

21 设置完成后,单击【确定】按钮。在工具箱中单击【横排文字工具】 **T.**,在工作区中输入文本。选中输入的文本,在【字符】面板中将【字体】设置为【微软雅黑】,将【字体大小】设置为 94 点,将【字符间距】设置为 0,将【颜色】设置为 #0cb5d4,如图 10-147 所示。

22 使用同样的方法在工作区中输入其他文本内容,绘制圆角矩形,并对制作的内容进行复制及修改,效果如图 10-148 所示。

23 在工具箱中单击【横排文字工具】 **T.**,在工作区中输入文本。选中输入的文本,在

【字符】面板中将【字体】设置为【方正兰亭粗黑简体】，将【字体大小】设置为 42 点，将【字符间距】设置为 0，将【颜色】设置为 #fe9b00，如图 10-149 所示。

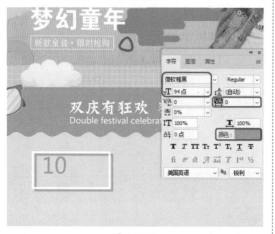

图 10-147

图 10-148

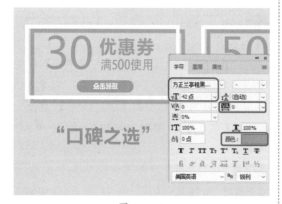

图 10-149

24 在【图层】面板中双击新输入的文字图层，在弹出的对话框中选择【外发光】选项，将

【混合模式】设置为【滤色】，将【不透明度】设置为 75%，将【杂色】设置为 0%，将【发光颜色】设置为 #ffffbe，将【方法】设置为【柔和】，将【扩展】、【大小】分别设置为 0%、13 像素，如图 10-150 所示。

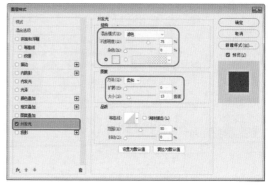

图 10-150

25 设置完成后，单击【确定】按钮，对输入的文字进行复制，并修改文字内容。在工具箱中单击【钢笔工具】，在工具选项栏中将【填充】设置为白色，将【描边】设置为无，单击【路径操作】按钮，在弹出的下拉列表中选择【合并形状】命令，在工作区中绘制如图 10-151 所示的图形。

图 10-151

26 对绘制的图形进行复制，在工具箱中单击【矩形工具】，在工作区中绘制一个矩形，在【属性】面板中将【W】、【H】分别设置为 1315 像素、557 像素，将【填充】设置为白色，将【描边】设置为无，效果如图 10-152 所示。

图 10-152

27 在【图层】面板中选择【矩形 4】图层，按 Ctrl+J 组合键进行复制。选中【矩形 4 拷贝】图层，按住鼠标左键将其拖曳至【矩形 4】的下方，将其【填充】更改为 #87dcea，调整其旋转角度，在【属性】面板中将【羽化】设置为 6 像素，如图 10-153 所示。

图 10-153

28 在【图层】面板中选择【矩形 4】图层，将【服装素材 06.png】素材文件置入文档中，如图 10-154 所示。

29 在工具箱中单击【横排文字工具】 T.，在工作区中输入文本。选中输入的文本，在【字符】面板中将【字体】设置为【方正兰亭粗黑简体】，将【字体大小】设置为 51 点，将【字符间距】设置为 0，将【颜色】设置为 #118eba，如图 10-155 所示。

30 在【图层】面板中双击新输入的文字图层，在弹出的对话框中选择【渐变叠加】选项，将【混合模式】设置为【正常】，将【不透明度】

设置为 100%，单击渐变条，在弹出的对话框中将左侧色标的颜色值设置为 #6288f3，将右侧色标的颜色值设置为 #45c7f8，单击【确定】按钮。将【样式】设置为【线性】，将【角度】设置为 0 度，将【缩放】设置为 100%，如图 10-156 所示。

图 10-154

图 10-155

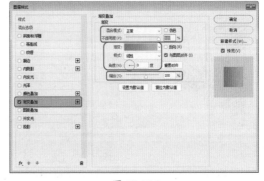

图 10-156

31 设置完成后，单击【确定】按钮，使用【横排文字工具】在工作区中输入其他文本内容，如图 10-157 所示。

图 10-157

32 在工具箱中单击【圆角矩形工具】 ⬜ ，在工作区中绘制一个圆角矩形，在【属性】面板中将【W】、【H】均设置为 54 像素，将【填充】设置为 #0cb5d4，将【描边】设置为无，将所有的【角半径】均设置为 8 像素，如图 10-158 所示。

图 10-158

33 在工具箱中单击【横排文字工具】 T ，在工作区中输入文本。选中输入的文本，在【字符】面板中将【字体】设置为【Adobe 黑体 Std】，将【字体大小】设置为 17 点，将【颜色】设置为白色，如图 10-159 所示。

图 10-159

34 对绘制的图形与输入的文字进行复制，修改复制的文字内容，根据前面所介绍的方法绘制其他图形并输入文字，效果如图 10-160 所示。

图 10-160

35 对绘制的图形与输入的文字进行复制，并修改复制的文字内容，效果如图 10-161 所示。

图 10-161

36 根据前面所介绍的方法置入素材文件，效果如图 10-162 所示。

图 10-162

第 11 章
卡片设计

本章导读：

　　卡片是承载信息或娱乐用的物品，名片、电话卡、会员卡、吊牌、贺卡等均属此类，其制作材料可以是 PVC、透明塑料、金属以及纸质材料等。本章将介绍卡片的设计。

11.1 制作会员卡正面

效果展示

操作要领

（1）新建【宽度】、【高度】为 1110 像素、685 像素的文档，将【分辨率】设置为 300 像素/英寸，将【背景颜色】设置为白色，置入【会员卡素材 01.jpg】素材文件。

（2）使用【横排文字工具】输入【VIP】文本，在【字符】面板中将【字体】设置为【方正小标宋简体】，将【字体大小】设置为 54 点，将【颜色】设置为白色，设置完后调整文本位置。

（3）在【图层】面板中双击【VIP】图层，在弹出的对话框中选择【渐变叠加】选项，将【混合模式】设置为【正常】，将【不透明度】设置为 100%，将【样式】设置为【线性】，将【角度】设置为 90 度。

（4）单击【渐变】右侧的渐变条，将【平滑度】设置为 100%，将 0% 位置处的色标颜色值设置为 #62441e，将 16% 位置处的色标颜色值设置为 #f5debb，将 25% 位置处的色标颜色值设置为 #9f8150，将 44% 位置处的色标颜色值设置为 #edd4ac，将 54% 位置处的色标颜色值设置为 #f8eddd，将 62% 位置处的色标颜色值设置为 #edd4ac，将 73% 位置处的色标颜色值设置为 #9f8150，将 89% 位置处的色标颜色值设置为 #ccad7b，将 100% 位置处的色标颜色值设置为 #62441e。

（5）设置完成后，单击【确定】按钮。置入【会员卡素材 02.png】素材文件，使用【横排文字工具】输入【至尊服务 & 会员专享】文本，在【字符】面板中将【字符间距】设置为【Adobe 黑体 Std】，将【字体大小】设置为 10 点，将【字符间距】设置为 100，将【颜色】设置为白色，设置完后调整文本位置。

（6）再次使用【横排文字工具】输入【NO.88888888】文本，在【字符】面板中将【字体】设置为【方正小标宋简体】，将【字体大小】设置为 10 点，将【字符间距】设置为 50，将【颜色】设置为白色，设置完后调整文本位置。

11.2 制作会员卡反面

效果展示

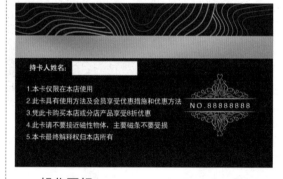

操作要领

（1）新建【宽度】、【高度】为 1110 像素、685 像素的文档，将【分辨率】设置为 300 像素/英寸，置入【会员卡素材 03.jpg】素材文件。

（2）使用【横排文字工具】输入【持卡人姓名：】文本，在【字符】面板中将【字体】设置为【创艺简黑体】，将【字体大小】设置为 7 点，将【颜色】设置为白色，单击【仿粗体】按钮，设置完后调整文本位置。

（3）在工具箱中选择【矩形工具】绘制图形，在【属性】面板中将【W】、【H】分别设置为 280 像素、60 像素，将【X】、【Y】

分别设置为 246 像素、241 像素，将【填充】设置为白色，将【描边】设置为无。

（4）使用【横排文字工具】输入文本，在【字符】面板中将【字体】设置为【创艺简黑体】，将【字体大小】设置为 7 点，将【行距】设置为 12 点，将【颜色】设置为白色，单击【左对齐文本】按钮，设置完后调整文本位置。

（5）置入【会员卡素材 04.png】素材文件，使用【横排文字工具】输入【NO.88888888】文本，在【字符】面板中将【字体】设置为【创艺简黑体】，将【字体大小】设置为 7 点，将【字符间距】设置为 260，将【颜色】设置为白色，设置完后调整文本位置。

LESSON 11.3 制作美甲代金券正面

效果展示

操作要领

（1）新建【宽度】、【高度】为 2079 像素、898 像素的文档，将【分辨率】设置为 300 像素／英寸，将【背景颜色】设置为【自定义】，将【颜色】设置为 #d5142a，置入【美甲素材 01.jpg】素材文件。

（2）在工具箱中选择【矩形工具】绘制图形，在【属性】面板中将【W】、【H】分别设置为 360 像素、804 像素，将【X】、【Y】分别设置为 1687 像素、52 像素，将【填充】设置为无，将【描边】设置为白色，将【描边宽度】设置为 5 像素，将【描边类型】设置为第二个描边，勾选【虚线】复选框，将【虚线】、【间隙】分别设置为 4、2。

（3）使用【横排文字工具】输入【代金券】文本，在【字符】面板中将【字体】设置为【方正大黑简体】，将【字体大小】设置为 14 点，将【字符间距】设置为 -60，将【颜色】设置为白色，设置完后调整文本位置。

（4）置入【美甲素材 02.png】素材文件，使用【横排文字工具】输入文本，在【字符】面板中将【字体】设置为【微软雅黑】，将【字体大小】设置为 2.5 点，将【行距】设置为 4 点，将【字符间距】设置为 50，将【颜色】设置为白色，单击【左对齐文本】按钮，设置完后调整文本位置。

（5）使用【横排文字工具】输入【30】文本，在【字符】面板中将【字体】设置为【Impact】，将【字体大小】设置为 60 点，将【字符间距】设置为 0，将【颜色】设置为白色，设置完后调整文本位置。

（6）再次使用【横排文字工具】输入【元】文本，将【字体】设置为【微软雅黑】，将【字体大小】设置为 12 点，将【颜色】设置为白色，设置完后调整文本位置。

（7）使用【横排文字工具】输入文本【Fashion manicure】，在【字符】面板中将【字体】设置为【ALS Script】，将【字体大小】设置为 12 点，将【字符间距】设置为 -50，将【颜色】设置为白色，设置完后调整文本位置。

（8）使用同样的方法输入文本【会员享优惠】，在【字符】面板中将【字体】设置为【Adobe 黑体 Std】，将【字体大小】设置为 6 点，将【颜色】设置为白色。在【图层】面板中新建一个组，将组名称设置为【代金券】，选中输入的文字与绘制的图形，将其拖曳至新建组中。

（9）使用同样的方法输入其他文字，并置入【美甲素材 03.png】、【美甲素材 04.png】、【美甲素材 05.png】素材文件，对文字与素材进行相对应的设置。

LESSON 11.4 制作美甲代金券反面

效果展示

操作要领

（1）新建【宽度】、【高度】为2079像素、898像素的文档，将【分辨率】设置为300像素/英寸，置入【美甲素材06.jpg】素材文件，适当调整对象的大小及位置。

（2）使用【横排文字工具】输入文本【使用说明】，在【字符】面板中将【字体】设置为【方正大标宋简体】，将【字体大小】设置为15点，将【字符间距】设置为1000，将【颜色】设置为#ff00b4，设置完后调整文本位置。

（3）再次使用【横排文字工具】输入文本，在【属性】面板中将【字体】设置为【Adobe黑体Std】，将【字体大小】设置为9点，将【行距】设置为17点，将【字符间距】设置为25，将【颜色】设置为白色，单击【左对齐文本】按钮。

（4）在【图层】面板中双击输入的文本段落图层，在弹出的对话框中选择【颜色叠加】选项，将【混合模式】设置为【正常】，将【颜色】设置为#3f3f3f，将【不透明度】设置为100%，设置完成后，单击【确定】按钮。

（5）置入【美甲素材07.jpg】素材文件，使用【横排文字工具】输入文本【关注官方微博送礼包】，在【字符】面板中将【字体】设置为【微软雅黑】，将【字体大小】设置为5点，将【字符间距】设置为-10，将【颜色】设置为黑色，单击【仿粗体】按钮。

（6）使用【矩形工具】绘制图形，将【填充】设置为#3a3736，将【描边】设置为无，设置完成后调整矩形位置。

（7）使用【横排文字工具】输入文本【咨询热线】，在【字符】面板中将【字体】设置为【微软雅黑】，将【字体大小】设置为12点，将【字符间距】设置为-50，将【颜色】设置为黑色。

（8）再次使用【横排文字工具】输入文本【CONSULTATION HOTLINE】，在【字符】面板中将【字体】设置为【微软雅黑】，将【字体大小】设置为4点，将【字符间距】设置为-50，将【颜色】设置为黑色，单击【仿粗体】按钮。

（9）使用同样的方法输入【0325-6666777】，将【字体】设置为【Impact】，将【字体大小】设置为20点，将【字符间距】设置为-50，将【颜色】设置为黑色，取消单击【仿粗体】按钮，从而完成最终效果。

附　录
Photoshop 2020 常用快捷键

文件

新建	Ctrl+N	打开	Ctrl+O	打开为	Alt+Shift+Ctrl+O
关闭	Ctrl+W	保存	Ctrl+S	另存为	Ctrl+Shift+S
打印	Ctrl+P	退出	Ctrl+Q		

选择

全选	Ctrl+A	取消选择	Ctrl+D	重新选择	Ctrl+Shift+D
反选	Ctrl+Shift+I				

工具

矩形、椭圆选框工具	M	裁剪工具	C	移动工具	V
套索、多边形套索、磁性套索	L	魔棒工具	W	临时使用抓手工具	空格
画笔工具	B	仿制图章、图案图章	S	历史记录画笔工具	Y
橡皮擦工具	E	减淡、加深、海绵工具	O	钢笔、自由钢笔、磁性钢笔	P
直接选择工具	A	文字、文字蒙版、直排文字、直排文字蒙版	T	渐变工具	G
吸管、颜色取样器	I	抓手工具	H	缩放工具	Z
默认前景色和背景色	D	切换前景色和背景色	X	切换标准模式和快速蒙版模式	Q
标准屏幕模式、带有菜单栏的全屏模式、全屏模式	F	临时使用移动工具	Ctrl		

编辑操作

还原/重做前一步操作	Ctrl+Z	还原两步以上操作	Ctrl+Alt+Z	重做两步以上操作	Ctrl+Shift+Z

（续表）

拷贝选取的图像或路径	Ctrl+C	将剪贴板的内容粘贴到当前图形中	Ctrl+V 或 F4	将剪贴板的内容粘贴到选框中	Ctrl+Shift+V
应用自由变换（在自由变换模式下）	Enter	从中心或对称点开始变换（在自由变换模式下）	Alt	限制（在自由变换模式下）	Shift
扭曲（在自由变换模式下）	Ctrl	取消变形（在自由变换模式下）	Esc	自由变换复制的像素数据	Ctrl+Shift+T
再次变换复制的像素数据并建立一个副本	Ctrl+Shift+Alt+T	删除选框中的图案或选取的路径	Del	用背景色填充所选区域或整个图层	Ctrl+Del
用前景色填充所选区域或整个图层	Alt+Del	从历史记录中填充	Alt+Ctrl+Backspace		

图像调整

调整色阶	Ctrl+L	自动调整色阶	Ctrl+Shift+L	打开【曲线调整】对话框	Ctrl+M
反相	Ctrl+I	打开【色彩平衡】对话框	Ctrl+B	打开【色相/饱和度】对话框	Ctrl+U
全图调整（在【色相/饱和度】对话框中）	Ctrl+2	只调整红色（在【色相/饱和度】对话框中）	Ctrl+3	只调整黄色（在【色相/饱和度】对话框中）	Ctrl+4
只调整绿色（在【色相/饱和度】对话框中）	Ctrl+5	只调整青色（在【色相/饱和度】对话框中）	Ctrl+6	只调整蓝色（在【色相/饱和度】对话框中）	Ctrl+7
只调整洋红（在【色相/饱和度】对话框中）	Ctrl+8	去色	Ctrl+Shift+U	自动对比度	Ctrl+Shift+Alt+L

图层操作

从对话框新建一个图层	Ctrl+Shift+N	以默认选项建立一个新的图层	Ctrl+Alt+Shift+N	通过拷贝建立一个图层	Ctrl+J

通过剪切建立一个图层	Ctrl+Shift+J	与前一图层编组	Ctrl+G	取消编组	Ctrl+Shift+G
向下合并或合并联结图层	Ctrl+E	合并可见图层	Ctrl+Shift+E	盖印或盖印链接图层	Ctrl+Alt+E
盖印可见图层	Ctrl+Alt+Shift+E	将当前层下移一层	Ctrl+[	将当前层上移一层	Ctrl+]
将当前层移到最下面	Ctrl+Shift+[	将当前层移到最上面	Ctrl+Shift+]	激活下一个图层	Alt+[
激活上一个图层	Alt+]	激活底部图层	Shift+Alt+[	激活顶部图层	Shift+Alt+]
调整当前图层的透明度（当前工具为无数字参数的，如移动工具）	0～9	保留当前图层的透明区域（开关）	/	投影效果（在【效果】对话框中）	Ctrl+1
内阴影效果（在【效果】对话框中）	Ctrl+2	外发光效果（在【效果】对话框中）	Ctrl+3	内发光效果（在【效果】对话框中）	Ctrl+4
斜面和浮雕效果（在【效果】对话框中）	Ctrl+5				

视图操作

显示单色通道	Ctrl+数字	显示复合通道	~	以CMYK方式预览（开关）	Ctrl+Y
打开/关闭色域警告	Ctrl+Shift+Y	放大视图	Ctrl++	缩小视图	Ctrl+-
满画布显示	Ctrl+0	显示/隐藏标尺	Ctrl+R	显示/隐藏参考线	Ctrl+;
锁定参考线	Ctrl+Alt+;	显示/隐藏【画笔】面板	F5	显示/隐藏【颜色】面板	F6
显示/隐藏【图层】面板	F7	显示/隐藏【信息】面板	F8	显示/隐藏【动作】面板	F9
显示/隐藏所有命令面板	Tab	色域警告	Ctrl+Shift+Y	实际像素	Ctrl+Alt+0
显示附加	Ctrl+H	显示网格	Ctrl+Alt+'	锁定参考线	Ctrl+Alt+;
启用对齐	Shift+Ctrl+;